世界 CG 艺术经典

Photoshop

游戏动漫角色设计手绘教程

英国3dtotal 出版社 著 　　　　　　　　　　　　杨雪果 李洋　林中一 译

电子工业出版社·

Publishing House of Electronics Industry

北京·BEIJING

版权贸易合同登记号　图字：01-2020-2317

图书在版编目（CIP）数据

Photoshop游戏动漫角色设计手绘教程 / 英国3dtotal出版社著；杨雪果，李洋，林中一译. — 北京：电子工业出版社，2021.7
（世界CG艺术经典）
书名原文：Beginner's Guide to Digital Painting in Photoshop：Characters
ISBN 978-7-121-41043-7

Ⅰ.①P… Ⅱ.①英… ②杨… ③李… ④林… Ⅲ.①图像处理软件 – 教材 Ⅳ.①TP391.413

中国版本图书馆CIP数据核字(2021)第076687号

责任编辑：张艳芳
印　　刷：北京富诚彩色印刷有限公司
装　　订：北京富诚彩色印刷有限公司
出版发行：电子工业出版社
　　　　　北京市海淀区万寿路173信箱　　　邮编：100036
开　　本：787×1092　　1/16　　印张：13.75　　字数：427.28千字
版　　次：2021年7月第1版
印　　次：2021年7月第1次印刷
定　　价：108.00元

凡所购买电子工业出版社图书有缺损问题，请向购买书店调换。若书店售缺，请与本社发行部联系，联系及邮购电话：（010）88254888，88258888。
质量投诉请发邮件至zlts@phei.com.cn，盗版侵权举报请发邮件至dbqq@phei.com.cn。
本书咨询联系方式：（010）88254161～88254167转1897。

目　录

介　绍

娱乐业依赖于角色的叙事张力和真实性，而这个角色的生命始于概念艺术家手中。由于需要强大而又灵活的工具来创建这些独具一格且惟妙惟肖的角色设计，业内概念艺术家之间流行的方法是在 Photoshop 中进行数字绘画创作。Photoshop 不仅具有易上手和速度快的优势，而且能够即时改变图像的颜色，通过使用自定义画笔来创造令人印象深刻且真实的材质纹理，这真是一个训练创造技能的非凡工具。

浏览网页上最令人印象深刻的 2D 角色概念插画，以及书籍、电影和游戏里的角色后，你会发现浩若烟海般种类繁多的设计风格。那么如何开始找到适合自己的风格并将你的想法付诸实践呢？弄清楚角色的外观和行为方式绝对不是一件容易的事情。形状、颜色、质感和设定是角色设计的重要组成部分，是能明显改

变氛围、故事以及那些使角色更具形象化的重要元素。

为了帮助你进行创造性学习，我们聚集了一批技术娴熟、专业水平高超的数字艺术家来引导你完成数字角色绘画背后的基础知识。在这本书的后面，你会发现一个非常珍贵的术语表，由才智过人的 Bram "Boco" Sels 所写，涵盖了入门必备的所有要点——你可以在阅读更详细的项目概述时参考术语表。

从为角色设置的界面和工具，到深入的创意工作流程，饱含重要的提示和建议，《CG 科幻创作经典：Photoshop 角色设计基础入门》为仍在成为数字角色艺术家的道路上披荆斩棘的人们提供了一个完整可靠的资源。

3dtotal 出版社副主编

杰西·塞金特

第1章 基础入门

了解 **Photoshop** 的基本功能及成功设置工作区。

刚开始使用 Photoshop 进行角色设计可能会让你畏缩不前。为了让你准备好开始创作，贝尼塔·温克勒将指导你了解它的特性、工具和有用的功能，这些功能将成为你工作流程中的主要内容。本章将详细介绍如何设置画布和准备绘画的图层、掌握空白画布、创建自己的画笔库以及定义调色板，所有这些将为后续的教学提供坚实的软件基础!

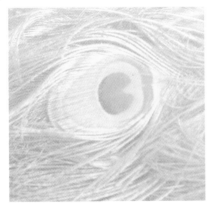

1.1　设置画布

如何准备工作区以开始角色创作

作者：贝尼塔·温克勒

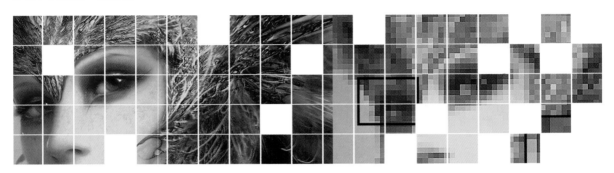

本 节 我 们 将 介 绍 Photoshop CC 以及如何将其用于角色设计。如果你是一位初学者或已有一些经验的传统的艺术家，但之前从未真正使用过该软件——不要犹豫，你来对了地方。

在开始之前，我们要明确的是：Photoshop 是一个庞大的软件。乍一看，它可能如洪水猛兽一般可怕（尽管它很出色），掌握其所有强大的功能直到最后一个按键是不可能一蹴而就的，这就是我们为什么来这里学习的原因，对吧？

我们将从已经绘制好的角色开始，并以此为范例来设置实际绘画过程的文档。接下来的步骤将为本书之后的教程提供一个坚实的概述和基础。以下是需要了解的知识：

- 传统绘画的基本知识
- Photoshop CC——如果你拥有的是较低的版本（比如 CS5），一样可以使用，只是示例图像和你看到的会有些不同
- 一个好的手绘板，最好是具有高压感的手绘板，但现在只需使用你现有的设备
- 一点创造性的疯狂（非常有用！）

你将学到以下操作：

- 设置画布
- 设置图层以进行绘画
- 创建自己的画笔库
- 自定义调色板

▲ Photoshop CC的启动画面　01

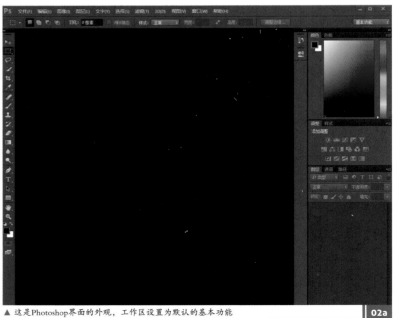

▲ 这是Photoshop界面的外观，工作区设置为默认的基本功能　02a

step 01
谁在使用 Photoshop？

关于 Photoshop，要了解的一个重要事情是使用它的专业人士的范围非常广泛，每个人都有不同的需求（现在可以理解了，为什么上一页中说 Photoshop 是如此庞大的软件）。有为高光杂志工作的插画师和修图师，为网络游戏工作的动画师，以及数字绘景师，他们的作品必须适用于严格定义的电影制作流程；有时装设计师、概念艺术家、造型师、网页和平面设计师，以及摄影师。

现在为什么这一切对你来说都很有趣？这意味着对于角色设计，你不必学习整个软件；只需掌握最有用的部分即可。准备好想要学习了吗？让我们开启 Photoshop 吧。

step 02
选择工作区

如果你是新安装的软件，将看到默认界面，即基本功能工作区。它提供了通常使用的面板的基本设置（见图 02a）。

如上所述，Photoshop 具有不

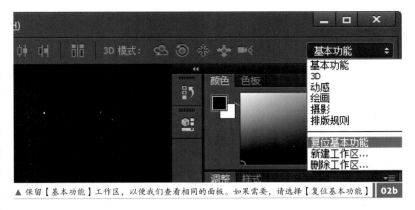

▲ 保留【基本功能】工作区，以便我们查看相同的面板。如果需要，请选择【复位基本功能】 `02b`

同的用户组，因此有不同的工作区的预设。由于它的可定制化非常灵活，Photoshop 还允许你创建自己的工作区布局并保存它，以便操作起来更得心应手。对我们来说，基本功能工作区就足够了；同时我们也将大量使用【调整】面板，因此你可以如图 02a 所示让【调整】面板保持这种状态（稍后将会介绍绘画模式）。

如果以前打开过 Photoshop，更改了一些值，或者关闭了一些菜单而不知道如何找回它们，在屏幕的右上角的工作区菜单里有一个"复位基本功能选项"（见图 02b）。单击"复位基本功能"以恢复默认

设置。

step 03
熟悉界面

让我们进一步检查界面。所有重要按钮在哪里？在左侧有工具栏；右侧有一些面板栏，其中包含最常使用的各个单一面板，所有面板全部整合在选项卡组中。如果单击一个选项卡，它会将相应的面板置于前面并激活它（你将在图 03a 中看到激活的【图层】面板；你将始终需要这个面板）。

屏幕顶部是菜单栏，其下方是选项栏，选项栏会显示当前所选工具的选项。更改工具选项栏相应的

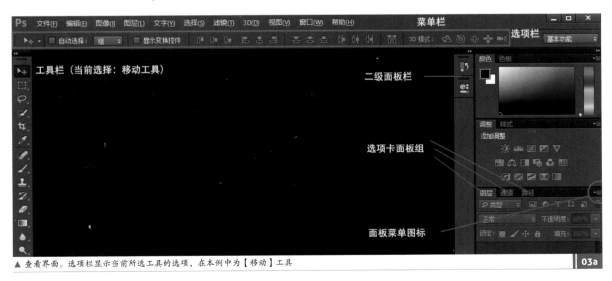

▲ 查看界面。选项栏显示当前所选工具的选项，在本例中为【移动】工具 `03a`

▲ 打开包含在内的新面板。请注意，
打开的面板显示已勾选

03b

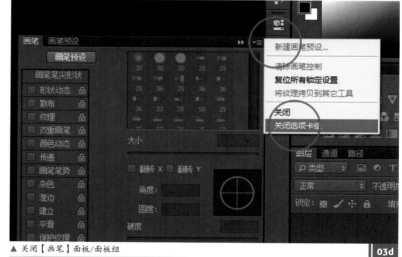

▲ 单击箭头图标以最小化面板

03c

▲ 关闭【画笔】面板/面板组

03d

更新。需要注意的是面板菜单图标。例如，如果要关闭面板/面板组，可以在其面板下拉菜单中找到执行此操作的选项，以及与特定面板主题相对应的许多其他选项。

如果要打开【画笔】面板，只需单击【窗口】>【画笔】菜单（见图03b），如图03c所示，【画笔】面板会将其图标附加到列。如果选项旁边勾选了复选标记，则表示该面板已在面板列中打开。单击双箭头图标可以将面板最小化，单击面

板图标可切换隐藏/显示面板（见图03c）。如果要关闭【画笔】面板组，请单击【关闭选项卡组】（见图03d）即可。

step 04
画布分辨率——打印还是屏幕？

根据需要创建一个用于屏幕或打印的文件。在项目开始时，可能并不知道以后是否需要一个打印的版本。请记住，如果在屏幕分辨率（72 dpi）中创建和修饰角色，之

后将无法再以高品质打印它（见图04a）。但是，用高分辨率打印文档（300 dpi）则可以轻松转换为屏幕或网络分辨率，同时还不会丢失细节。

让我们创建一个屏幕分辨率的文件。在顶部的菜单栏中单击【文件】>【新建】，然后在对话框中进行预设。我们将创建一个站立的角色，因此需要纵向尺寸。将默认值更改为宽度600像素，高度800像素。预设更改为"自定"，

▲ 左：原始尺寸，高分辨率打印（300 dpi）；右：尝试打印屏幕分辨率的图像（72 dpi）将会导致可见的像素化   `04a`

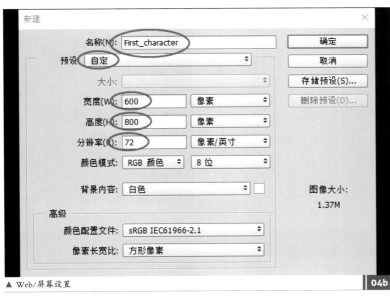

▲ Web/屏幕设置   `04b`

▲ 打印设置   `04c`

▲ 100%显示的新文档（尺寸600像素×800像素）。尝试使用缩放工具（Z）   `04d`

这表示自定义大小的尺寸。保持其他选项不变，然后单击【确定】按钮（见图04b）。

对于打印分辨率，选择【预设】：【国际标准纸张】，创建一个 300 dpi 的 A4 尺寸的文件（见图04c）。接着会出现新的文档。选择【文件】>【另存为】菜单，保持 PSD 的默认文件格式。使用缩放工具（Z）浏览文件（见图04d）。

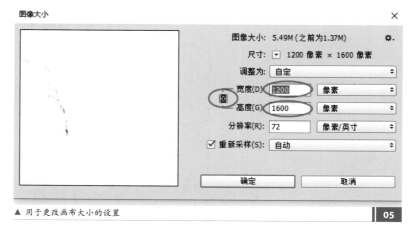

▲ 用于更改画布大小的设置

05

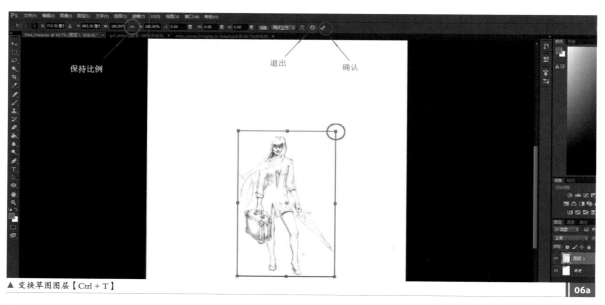

▲ 变换草图图层【Ctrl + T】

06a

▲ 放大扫描图像。要保持比例，请在拖动锚点时按住Shift键，或开启链接图标

06b

▲ 裁剪或扩展画布

step 05
细节的秘诀：画布尺寸

　　这有一个使作品细节更好的技巧。无论画布大小：将它加倍！这将为你带来一些几乎不可能绘制出的精致笔触。完成后，可以将图稿缩小到所需的确切尺寸。另一个好处是，由于尺寸的缩小，一些细微的不规整之处将会消失。要执行此操作，在菜单栏中选择【图像】>【图像大小】，接着输入 1600 像素的高度。此时【链符号】（锁定长宽比）处于开启状态，因此宽度将自动计算为 1200 像素。最后单击【确定】按钮。

step 06
如何将内容从一个文档复制 / 粘贴到另一个文档

　　下一步的目标是练习如何将一个文档的内容复制并粘贴到另一个文档中，以及如何在画布上放置素材。我们将在接下来的章节中讨论这项技术。

　　打开扫描的铅笔画，在菜单中选择【文件】>【打开】后，按【Ctrl + A】键选择整个新文件，然后按【Ctrl + C】键复制该选择的内容。激活第一个选项卡（主文档）将其置于前面，接着按【Ctrl + V】键将所有内容粘贴到其中。

　　现在扫描角色在画布上可能显得太大或太小。按【Ctrl + T】键激活【变换】工具，接着单击并拖动锚点进行缩放，并确定好角色在画布中的位置后单击复选图标确认（见图 06b），最后保存文件。

> "要以非常直观的方式调整画布大小，只需使用【裁剪】工具即可。你会爱上这个功能。"

step 07
优化画布尺寸和方向

　　现在画布是纵向的。对于一个角色，这是一个不错的选择。但是如果想在绘画过程中改变尺寸该怎么办？也许我们想要在角色的左侧留出更多的空间，而底部留出较少的空间；或者可能想要完全切换画布的尺寸并将角色的画布转换为横向以便在画布上显示多个该角色，让每个都穿着各种不同的服装。

　　若要以非常直观的方式调整画布大小，只需使用【裁剪】工具即可。你会爱上这个功能——它可以用于裁剪以及扩展画布（见图 07）。

让我们看看它是如何工作的。选择【裁剪】工具（C），使用选取框选择（显示时出现的框）标记画布的首选区域将裁剪工具拖到画布上，标记出裁剪时将留下的区域，然后按住锚点并精确拖动它们，直到对新尺寸感到满意为止。如果按回车键确认（或单击顶部菜单栏中的复选标记图标），将定义新的画布尺寸。

如果勾选了顶部菜单栏中的【删除裁剪像素】复选框，则选框之外的像素将显示为灰色，并将被删除。相反，Photoshop 会将裁剪对象转换为一个图层，在该图层中，裁剪掉的像素安全地隐藏在可

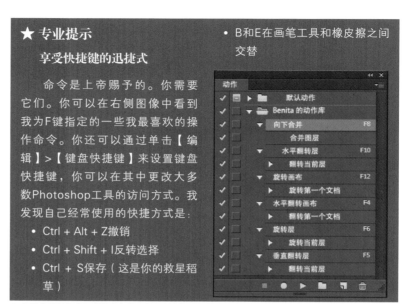

★ 专业提示

享受快捷键的迅捷式

命令是上帝赐予的。你需要它们。你可以在右侧图像中看到我为F键指定的一些我最喜欢的操作命令。你还可以通过单击【编辑】>【键盘快捷键】来设置键盘快捷键，你可以在其中更改大多数Photoshop工具的访问方式。我发现自己经常使用的快捷方式是：

- Ctrl + Alt + Z撤销
- Ctrl + Shift + I反转选择
- Ctrl + S保存（这是你的救星稻草）
- B和E在画笔工具和橡皮擦之间交替

▲ 记录你的操作过程并将其收集，或设置键盘快捷键以加快你的工作流程

1. 新建组
2. 新建动作
3. 开篇记录动作
4. 停止记录动作

▲ 创建快捷方式操作的步骤

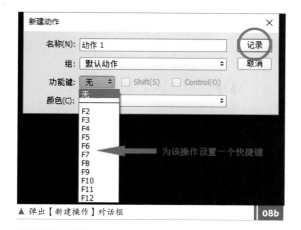

▲ 弹出【新建操作】对话框   **08b**

点击此处停止

现在我们正在录制

▲ 停止录制的图标   **08c**

见框之外。要放大画布，只需将锚点拖动到原始画布尺寸之外并确认，然后保存文件（Ctrl+S）即可。

step 08
为高效的工作流程创建快捷键

如果想快速有效地工作，则需要常用【快捷键】。没有这些操作命令，最简单的事情可能需要多 10 倍的时间，这可以扼杀创作动力。我们应该投入地绘画而不是单击搜索，"现在它在哪里？在编辑菜单或图层面板中？"解决方案：对于经常需要的每个重要任务，我们将创建一个命令并为其设置快捷键。因此，不必刻意地学习整个菜单结构，而是简单地单击一个按钮就可以减少不必要的麻烦。听起来很棒？是的，缺点是：你必须创建这些操作并学着为它们设置快捷键。但是只要设置一次，即可受用终生！

你可以为喜欢的操作设置快捷键，例如翻转画布（在通过按下按钮来检查构图的平衡性时非常有用）、翻转图层、旋转图层、合并图层（这些操作随时要用到）和旋转画布。将它们分配给功能键（F4，F5，F6 等）可以使操作更简便。

进行一些练习，为自己创建一个简单操作，你会发现它快速而简单。

例如要创建一个用于翻转画布的操作，光从菜单栏中单击【窗口】>【动作】菜单，将打开一个面板，显示一组名为【默认动作】的默认动作组列表。可以将新的动作添加到默认组中，但拥有自己的动作组会更有条理。

单击【创建新组】图标以创建一个【新建组】并命名它。现在准备在新的集合中创建一个动作。单击【创建新动作】图标或从动作面板菜单中选择【新建动作】。这时会弹出一个面板；将动作命名为【水平翻转画布】。分配你要用于此命令的功能键（可以随时更改）并单击【记录】按钮（见图 08b），对话框将关闭，【动作】面板中的一个小红点将提示我们正在录制（见图 08c）。

现在完成你要记录的动作。例如，从顶部菜单栏选择【编辑】>【变换】>【水平翻转】（图像将被翻转）。接下来，单击【动作】面板中的【停止播放 / 记录】停止录制动作（见图 08c）。如果你不小心记录了其他一些步骤，可以删除并重新开始。要删除动作，请单击【删除】图标，或通过动作面板菜单执行此操作。按设置的功能键可快速地执行新动作。

1.2　掌握空白画布

如何产生想法并将其带入下一步

作者：贝尼塔·温克勒

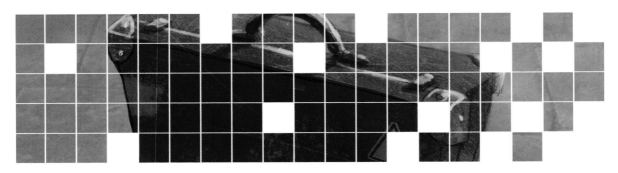

我们对工作区有了基本的了解，并且能够很熟练地处理画布了。我们还获得了有关如何在文件之间复制和粘贴内容的知识。

在本节中，让我们做一个时间旅行，回到角色设计的起点！

"有些项目需要精致完美的效果，而对于其他项目，一些粗略的草图就足够了。"

step 01

客户需要什么？

我们一开始需要什么？一个概念。作为角色设计师，客户将为我们提供必要的描述以及插图首选风格的参考。我们还将获得其他信息，例如该设计是否将在以后用作 3D 模型的参考。在这个阶段获得的信息越多越好。

根据插图的一般用途，一些项目将要求精致完美的效果，而对于其他项目，一些粗略的草图就足够了。

另一个需要考虑的因素是如何有效地传达你的愿景和想法。例如，最好用颜色来传达情绪和感受而不是通

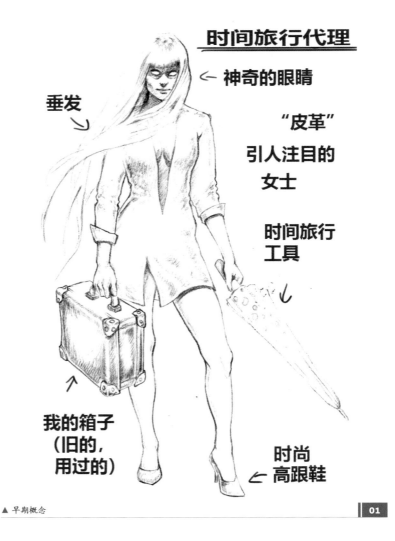

时间旅行代理

← 神奇的眼睛

垂发

"皮革"

引人注目的
女士

时间旅行
工具
←

我的箱子
（旧的，
用过的）
↑

时尚
高跟鞋
←

▲ 早期概念

01

▲ 角色设计选择要素时要参考的样板　02a

▲ 可以通过面板菜单更改图层的缩略图大小　02b

过技术思维（在后面的章节中将讨论这一点——见第 36 和 74 页）。

　　本章示例的概念设计是创造一个关于时间旅行代理人的现实主义角色——想象一个如玛丽·波平（Mary Poppins）一样的角色，但是她更现代、更疯狂，狡猾又引人注目。

step 02
创建样板

　　你已阅读简介和所有信息，会有一些想法浮现在脑海里，是时候让你的头脑充满灵感了。Photoshop 是一个助力神器，你只需在额外的文档中收集所有材料，并将其命名为【样板】。收集参考图片：以及激发你灵感的一切——从服装、配饰的图片和周围环境的重要细节，到设备和配套附件，以

及任何可以描述你的想法并有助于传达你的愿景的图片。寻找别出心裁的组合并遵循你的直觉，有时你会从意想不到的地方获得灵感；结合并实验！

　　关于时间旅行代理人的示例特征，我收集了各种旧手提箱的图像（直观地显示了旅行的各个方面）。同时我看了一下空姐、时尚女郎和穿制服的女人的照片（见图 02a）。作为参考资料的来源，要注意图片版权问题。为安全起见，请访问 http://freetextures.3dtotal.com 或 www.cgtextures.com。还可以通过自己拍摄照片来构建个人的纹理和参考库。

　　要创建样板，从菜单栏中选择【文件】>【新建】（Web，2500像素 ×3500 像素），将元素复制并

★ 专业提示

如何使用剪贴蒙版

　　【剪贴蒙版】是位于一个图层上方的图层，被剪裁为其下方主图层的实际大小。选择包含要绘制的元素的图层，然后创建新图层。按【Alt+Shift+G】键，无论你在它上面画什么都会被剪裁。剪裁的图层可以堆叠到你喜欢的任何数字。再次按【Ctrl+Shift+G】键，剪切将被恢复，显示完整尺寸的完整原始图层。

粘贴到其中，你会得到很多图层。从面板中选择一个图层，然后使用【变换】工具（Ctrl + T）和【移动】工具（V）来完善排列所有图片。要删除图层，在图层面板中选中该图层，单击垃圾桶图标删除图层。要更改【图层】面板的缩略图大小，从面板菜单中选择【面板选项】（见图 02b）。

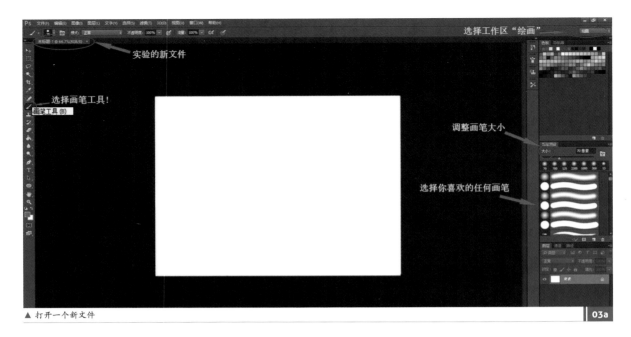

实验的新文件

选择画笔工具!

画笔工具 (B)

选择工作区"绘画"

调整画笔大小

选择你喜欢的任何画笔

▲ 打开一个新文件 03a

step 03
绘制手提箱

让我们进行一些素描练习。我们将从一个基本的绘图开始，然后用一些有用的技术来帮助打破白色画布背景。

从菜单栏中选择【文件】>【新建】（Web，1600 像素 × 1200 像素），然后将文件另存为【suitcase.psd】。这将是用于实验的画布。养成经常保存和版本编号保存的习惯是非常明智的做法，一旦出现问题，你就可以回到最后一个版本。

在工作区下拉菜单中选择【绘画】，打开【画笔】面板（见图03a）。现在，我们不要直接在白色画布背景上绘制草图，而是使用新的图层作为线稿层。

在【图层】面板中，创建一个新图层。可以通过单击【新图层】图标或通过图层面板菜单选择【创建新建图层】来完成此操作。可以通过单击垃圾箱图标来删除图层。新图层是透

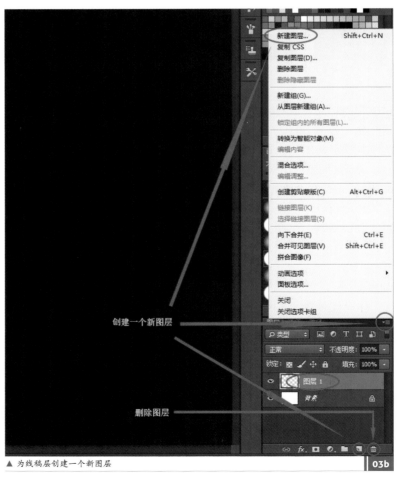

创建一个新图层

删除图层

▲ 为线稿层创建一个新图层 03b

明的,(见图03b)显示为棋盘格图案。

继续关于时间旅行代理的示例主题,让我们绘制一个手提箱的线稿。它是一个简单的形状,没什么挑战,所以你可以完全专注于如何使用 Photoshop。选择【画笔】工具(B)。选择一种任意画笔并将其大小设置为小的尺寸,例如 3 像素(见图 03a),然后从颜色调色板中选择黑色,接着单击它。现在你可以在新图层上开始绘制草图(见图 03c)。

> "要移动图层,请在【图层】面板中拖曳它并将其拖动到新的位置。"

step 04
设置图层结构

为绘画进行简单的图层设置。在新图层上有示例草图,带有白色背景画布。为什么要在新图层上绘制草图?因为我们希望能够使用草图作为参考,这样我们可以轻松地在它下面的图层上绘画。

接下来为绘画创建一个新图层。如果需要,在背景画布和线稿图层之间移动它的位置。要移动图层,请在【图层】面板中拖曳并将其拖动到新的位置。背景画布本身不能移动(用锁符号表示),要将背景变为普通图层,只需在【图层】面板中双击它(见图 04a)。

关于扫描图纸的说明

当导入扫描的绘图时,Photoshop 会提供一个不透明的白色图层,上面

有草图,阻挡了其他一切的图层。要消除草图的所有白色区域并仅显示实际线稿线条,可以使用名为【正片叠底】的图层混合模式。这是个诀窍!该图层的所有白色像素将显示为100% 透明,黑色像素将保持可见。

要执行此操作,在【图层】面板中选择图层,然后在【设置图层混合模式】菜单(其中显示【正常】的字段)中选择【正片叠底】(见图 04b 中的红色圆圈部分)。

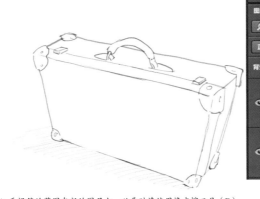

▲ 手提箱的草图在新的图层上。必要时请使用橡皮擦工具(E) `03c`

▲ 棋盘格图案表示透明度 `04a`

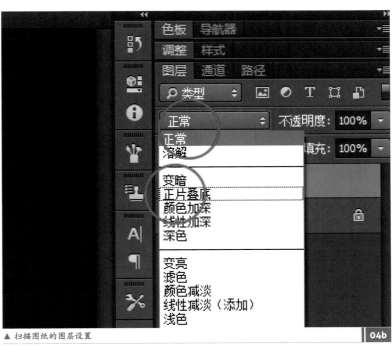

▲ 扫描图纸的图层设置 `04b`

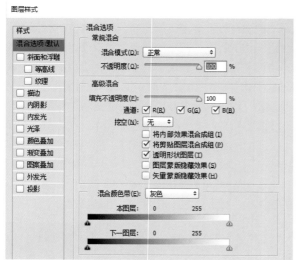

▲ 【图层样式】菜单：我们现在不需要神器，但你可以使用它来更改混合模式的设置　05a

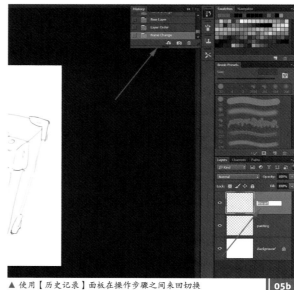

▲ 使用【历史记录】面板在操作步骤之间来回切换　05b

step 05
画手提箱配件

绘制行李箱时的图层设置应该依次为：线稿图层＞绘画层＞背景画布。

可以通过双击其名称来重新命名图层。如果没有正确双击名称，它将打开图层样式菜单（见图05a）。如果弹出，只需再次关闭它并尝试准确双击图层名称的区域以重命名它。

现在选择绘画的中间层。从色板中选择一种棕色，并使用任意基本画笔（大小设置为更大，例如40像素）绘制线稿标记的区域。要在【历史记录】面板中来回切换步骤，尝试使用画笔的不透明度设置，以便在绘画时增加画笔笔触的不透明度。

要删除线条可使用【橡皮擦】工具，可以选择任何形状，就像使用画笔一样。在橡皮擦工具激活的情况下右击画布，然后为其选择一个新的画笔笔刷（见图05c）。如果喜欢的话，可以为角色的物品设计不同的形状，以获得不同的箱包样式（见图05d）。

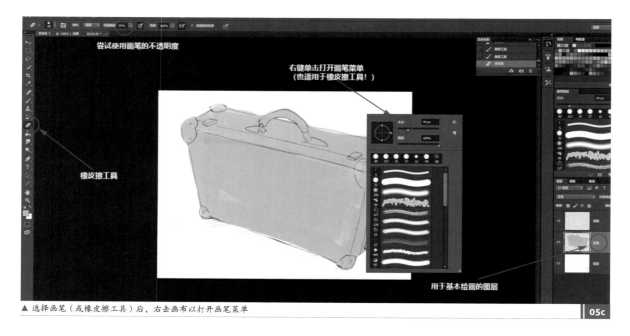

▲ 选择画笔（或橡皮擦工具）后，右击画布以打开画笔菜单　05c

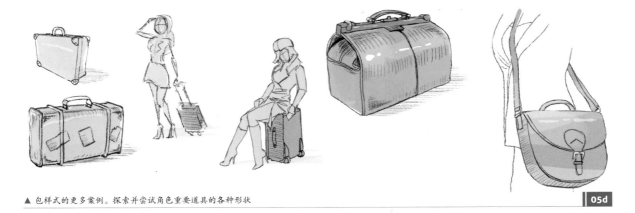

▲ 包样式的更多案例。探索并尝试角色重要道具的各种形状　　**05d**

在下一步中，我们将看到为基本绘画添加一些有趣的纹理，然后将进一步细化手提箱。

step 06
使用纹理

保存上一份文件的副本。我们需要像以前一样设置图层：线稿图层放置最顶层，下面是绘制图层，最后是背景画布。

▲ 基本形状和中间调背景　　**06a**

光源

▲ 定义光源的方向　　**06b**

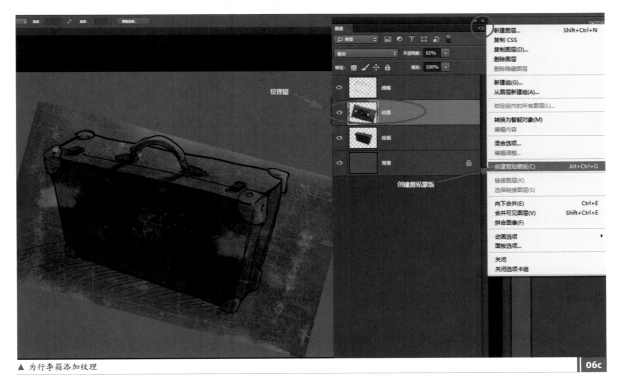

纹理层

创建剪贴蒙版

▲ 为行李箱添加纹理　　**06c**

从背景的中间色开始

我们将从灰色背景开始，而不是白色背景，这样能为我们提供了绘制在较亮和较暗值的中间色。

从屏幕左侧的工具菜单中，选择【油漆桶】工具（G）。在【图层】面板中选中背景图层，再从色板中选择一种好看的棕灰色（不要太暗，也不要太饱和），然后通过单击填充背景。

绘制手提箱

接下来，在【图层】面板中单击绘图层（在画布和线稿图层之间）。选择稍暗的颜色来绘制行李箱的基本形状。效果可能看起来像图 06a。

定义光源和光线方向。本例的光源来自右上方。从色板中选择浅棕色区域以获得光线（见图 06b）。

选择纹理

接下来，我们将通过使用纹理来打破 CG 外观。本例从免费纹理库 http://freetextures.3dtotal.com 获得的摄影皮革纹理。

使用剪贴蒙版

对于纹理，我们将创建一个剪贴蒙版，以便将纹理剪切到行李箱绘画区域的确切边界。无论何时，在图层上用剪切蒙版处理绘画中的单个元素都非常有用。

将皮革纹理复制并粘贴在行李箱上方的新图层上，但要在线稿图层下方。根据需要变换和旋转图层（【编辑】>【变换】或 Ctrl + T）。选择"绘画"图层，这是要应用剪贴蒙版的图层，然后从图层面板菜单中选择【创建剪切蒙版】（见图06c）。现在纹理只能在行李箱的轮廓中看到；其余的将被剪裁或删除（见图 06d）。

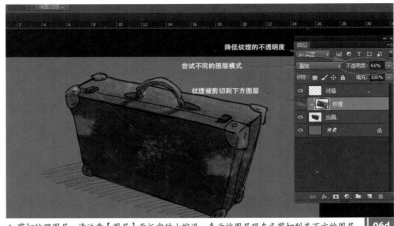

▲ 剪切纹理图层。请注意【图层】面板中的小缩进，表示该图层现在已剪切到其下方的图层　06d

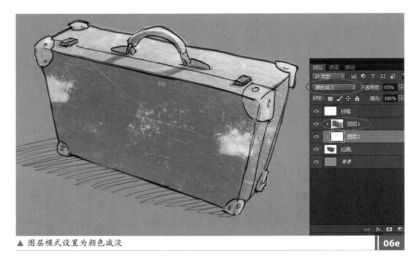

▲ 图层模式设置为颜色减淡　06e

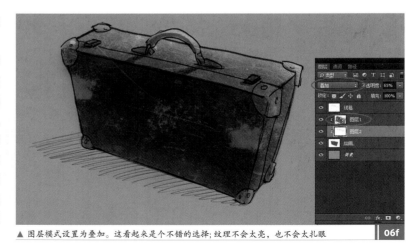

▲ 图层模式设置为叠加。这看起来是个不错的选择；纹理不会太亮，也不会太扎眼　06f

混合纹理

为了获得更贴合的效果，必须更多地调整纹理。首先，降低纹理图层的不透明度。

现在，为了进一步将纹理与手提箱混合，我们将尝试一些图层模式。最佳效果取决于纹理的整体亮度或暗度。

图 06e 显示的是将纹理图层设置为【颜色减淡】的图层模式（对于我们的要求来说有点太亮了），而图 06f 显示了图层模式设置为【叠加】的效果，这正是我们想要的！我们也可以尝试其他的图层模式（见图 06g）。

绘制背景

在接下来的步骤中，你还可以为地板图层添加基础纹理。图层不需要创建剪切蒙版。相反，只需复制并粘贴纹理，将新图层置于背景和行李箱之间。调整不透明度以获得更贴合的效果，并根据需要擦除并重新绘制地板（见图 06h）。

覆盖线稿

接下来要通过绘画来覆盖线稿图。在线稿图层的顶部添加新图层。要获得协调的效果，请将背景的一些颜色绘制到手提箱上，反之亦然。使用【吸管】工具（I）进行颜色选择或使用【拾色器】（见图06h）。提示：要在【画笔】工具和【吸管】工具之间快速切换，可使用 Alt 键。

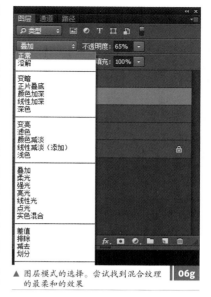

▲ 图层模式的选择。尝试找到混合纹理的最柔和的效果　06g

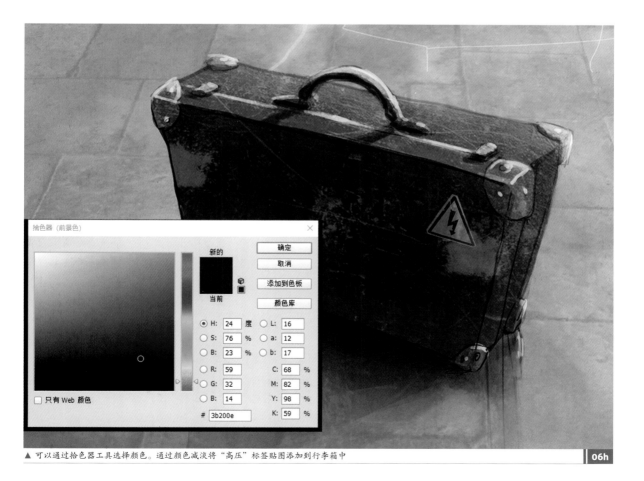

▲ 可以通过拾色器工具选择颜色。通过颜色减淡将"高压"标签贴图添加到行李箱中　06h

1.3 设置画笔

如何整理画笔库以加快工作流程

作者：贝尼塔·温克勒

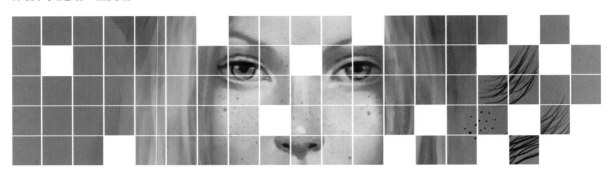

　　如果想要高效地工作，有一套设备齐全且精良的画笔库至关重要。某些画笔比其他画笔更适合于特定任务。在接下来的页面中，将讨论如何使用【画笔】面板以及如何保存自己的一套画笔。还将研究如何为不同目的创建自定义画笔，例如绘制角色的皮肤。可以在第 153 页上看到自定义画笔的其他用途。

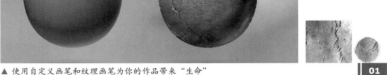

▲ 使用自定义画笔和纹理画笔为你的作品带来"生命" **01**

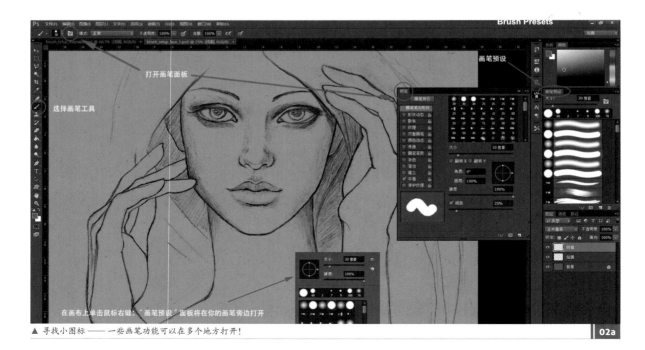

▲ 寻找小图标 —— 一些画笔功能可以在多个地方打开！ **02a**

"如果想要创造一个真实可信的角色，我们需要以某种方式摆脱干净的界面。自定义画笔（以及纹理）可以真正帮上忙！"

step 01
数字化工作的挑战

与画笔主题密切相关的是数字艺术家通常需要面对的一个主要挑战。"数字"这个词已经暴露了这一点；创造一个看起来过于计算机化的艺术作品是很危险的。如果想要创造一个真实可信的角色，我们需要以某种方式摆脱干净的界面。自定义画笔（以及纹理）可以真正帮上忙！

通常，人眼往往会先注意到较明显的对比。因此，如果在绘画时尝试加入一些小瑕疵，能够更好地模仿现实世界的特征。这样一来，艺术作品将更具说服力，同时也更具感性。考虑一下在其他光洁的表面上留下一些灰尘或一丝划痕，以打破 CG 的完美表现。关键是要追求变化！

step 02
创建一个新的画笔集

Photoshop 有一个很棒的画笔引擎。然而，乍一看，画笔面板的选项混淆不清（见图 02a）。让我们看看在哪里可以找到重要的部分。

在绘画模式下查看全新安装，在【画笔预设】面板中可看到默认的画笔集（见图 02b）。Photoshop 将画笔称为【画笔预设】，因为对于每个显示的画笔，已定义了许多功能，例如硬度、间距、大小和笔压感应度。

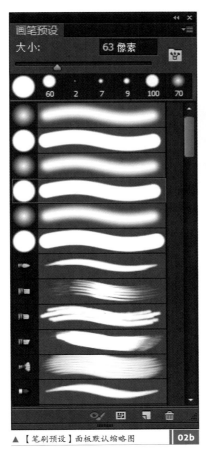

▲【笔刷预设】面板默认缩略图　02b

我们要创建自己的集合，或者更改并创建新的集合，更重要的是，更改它们在列表中的位置，以便我们可以轻松访问最需要的集合。通过从【画笔预设】面板菜单中选择【存储画笔】（见图 02c）来创建新画笔集。在【保存】对话框中，为集合指定名称，并将其保存在你可以记住的位置。现在，该集合将保留默认画笔的副本，因为我们还没有更改任何内容。

要恢复默认值，可在画笔预设面板中单击【复位画笔】。也可以从菜单中尝试其他画笔默认设置。替换或追加（单击【复位画笔】后，你可以在对话框中选择这两个选项）。后者会将这些画笔添加到你

▲ 选择【存储画笔】以创建新集　02c

的画笔集中。

【附加】画笔可能会导致列表变得非常大，因此最好能够通过排列和删除画笔以使画库更易于管理。让我们看看下一步是怎么做的。

"你可以使用【画笔】面板创建新画笔。新画笔将完全保留当前所选的设置。"

step 03
使用画笔面板

我们已经保存了画笔集，现在让我们探索如何创建新画笔，然后将它们整理成高效的工作流程。可以使用【画笔】面板上的图标（见图 03a）创建新画笔。 新画笔将完全保留当前所选的设置。为画笔设置一个名称并单击【确定】按钮。此时新画笔将添加到列表中（鼠标

▲ 创建要添加到集合中的新画笔   `03a`

向下滚动以查看新画笔）。在下一章将更详细地探讨【画笔】面板，设置和自定义画笔。现在，只需尝试通过单击如图 03a 所示的图标来创建新画笔。

要重新排列画笔，只需用鼠标左键按住它们并拖曳到新位置即可。探索各种画笔，找到自己的

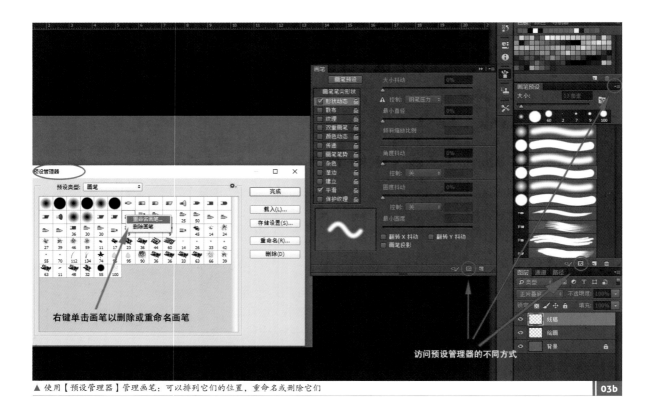

▲ 使用【预设管理器】管理画笔：可以排列它们的位置，重命名或删除它们   `03b`

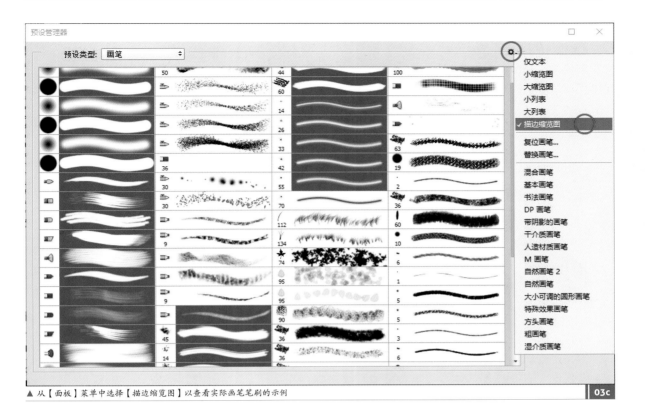

▲ 从【面板】菜单中选择【描边缩览图】以查看实际画笔笔刷的示例　　**03c**

"一旦你对画笔进行了修改，别忘了保存更改过的画笔集 —— 这点很容易忘记！"

个人收藏，然后以最合适的方式排列它们。如果要从集合中删除（或重命名）某支画笔，可右击并选择【删除】（或重命名）画笔（见图03b）。要查看画笔的实际笔触，可选择【描边缩览图】（见图03c）。

一旦你对画笔进行了修改，别忘了保存更改过的画笔集（见步骤02）—— 这点很容易忘记！如果要复原画笔或想要探索其他有趣的默认设置，如干介质画笔或书法画笔，也可以保存设置。

★ 专业提示

你可以通过单独的画笔设置控制画笔的不透明度（【传递】>【不透明度抖动】：0%；【控制】：【钢笔压力】）。你还可以通过顶部菜单栏中的图标对所有画笔进行全局操作（请参见下图）。如果选中该图标，它将覆盖所有画笔预设，而钢笔压力将用于所有画笔。

这是一个很棒的小功能；然而，真正有趣的特性在于不透明度滑块本身。要更好地控制画笔笔触，可以将不透明度全局设置为最大40%或50%。这样，你画出的每一个笔触都会轻柔地融入整体，并添加到绘画中。这非常有用，特别是如果你在需要柔和过渡的细节区域上工作。但是，对于大胆的设计选择，请确保将不透明度设置回100%。

▲ 通过【画笔】菜单单独控制画笔的不透明度

★ 专业提示

改变画笔硬度和尖端形状

【画笔】菜单提供了一些简单但有效的方法来更改画笔设置。不仅可以调整尺寸，还可以调整画笔的硬度。用画板/鼠标右击以打开【画笔】菜单。将【硬度】滑块拉至0%以获得柔和、模糊的画笔边界，将滑块拉至100%以获得硬边。（注意：滑块不适用于自定义画笔，仅适用于基本画笔。）你可能已经注意到大多数画笔的笔尖是圆形的——这可以轻松更改！想要一个漂亮的椭圆形吗？只需调整圆圈图标中的两个锚点，如下图所示。也可以通过拉动小箭头来调整尖端的角度。椭圆形画笔非常有用，因为它们提供了多种笔触，可以让你在工作中更得心应手（此功能同时也适用于自定义画笔）。

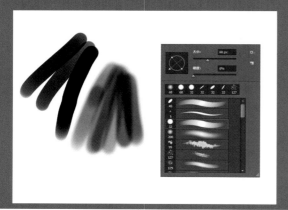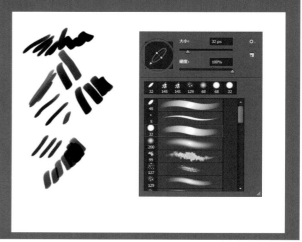

▲ 你可以通过【画笔】菜单更改基本画笔的硬度。椭圆形笔尖更易于控制

"你需要一支画笔，来帮助你做出大胆的表达。没有模糊不清，只有坚硬的边缘。"

step 04
硬边画笔的秘密

让我重点介绍一个对人物设计特别有用的一款基本画笔！这是硬边的画笔，为什么这个有用？因为在早期的设计阶段，你需要一支画笔来帮助你做出大胆的表达。没有模糊不清，只有坚硬的边缘。

诀窍在于，它会迫使你专注于角色设计的基本形状，这一点非常重要，因为形状是首先注意到的事情，正确地设计它们是至关重要的（参见下一部分关于形状和解剖的章节）。

设置【形状动态】为【钢笔压

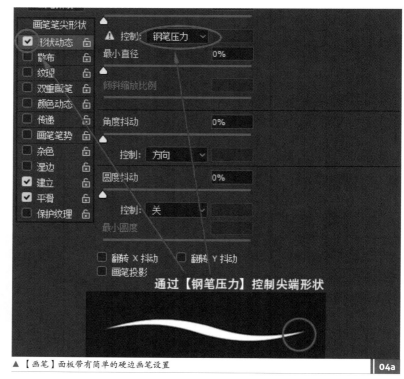

▲ 【画笔】面板带有简单的硬边画笔设置

04a

▲ 创作角色的剪影。使用硬边画笔找出讲述故事所需的形状 `04b`

力】，以实现一个不错的笔触（见图 04a）；硬边笔刷非常适合用来探索角色设计的剪影（见图 04b）。

出色的剪影易于表达，这将增强角色对观众的影响力，并为观众提供一些关于角色想要表达内容的视觉线索。要实现这一目标，不需要成千上万的小细节，而是把事情简单化：减少和增强。讲述故事需要哪些功能？哪些又可以省略？

step 05
适合绘制皮肤的画笔

在绘制角色时，最终都会在某些时候出现"如何绘制皮肤"的主题。如何绘制皮肤没有秘诀；但是，有些画笔比其他画笔更适合这项任务。

尝试使用硬边画笔的高压感或无压感（见图 05a）。一旦定义了平面和光源，你就可以切换到一些有斑点的画笔（见图 05b），最后

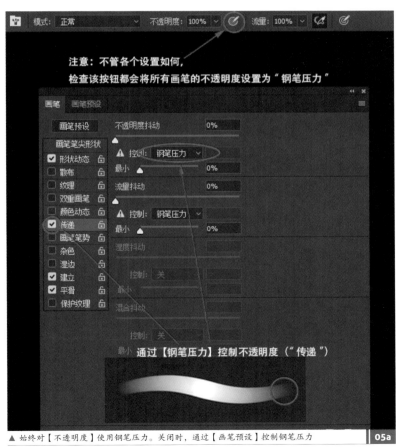

▲ 始终对【不透明度】使用钢笔压力。关闭时，通过【画笔预设】控制钢笔压力 `05a`

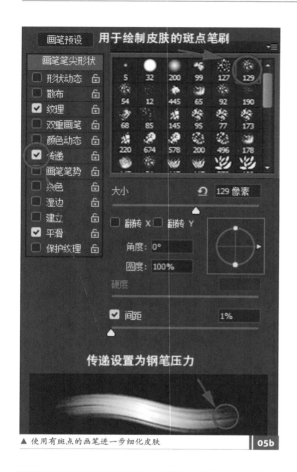

▲ 使用有斑点的画笔进一步细化皮肤　**05b**

▲ 如果需要绘制雀斑，可在最后阶段使用斑点画笔　**05c**

▲ 创建自定义画笔的过程　**06a**

你可以用一个软边画笔去深入绘画，使一些粗糙的边缘平滑。

皮肤很柔软，但底层结构则相反。用软边画笔开始绘制皮肤是一个常见的错误，最终只会出现模糊、无形的混乱结构。请记住，皮肤表层是由体积和结构构成的，要始终保持 3D 空间中绘制对象的概念。如果你发现创作的人物失去了生命力，那可能是因为过度使用了软边画笔。回到画面里绘制一些笔触，添加纹理效果，并尽一切努力避免我们之前谈到的干净的 CG 画面。

同时记住，角色对观众产生的印象不会取决于我们在皮肤上绘制了多少雀斑——不要过度使用自定义画笔或依靠它们作为创作角色的基础。根据角色特写要求，如果一定需要绘制雀斑，可以使用特殊的画笔来完成（见图 05c）。

▲ 我们创作的新画笔　**06b**

"使用各种画笔会导致笔触变化更大，它将帮助你更好地传达正在绘画的材质。"

step 06
创建自定义画笔

使用各种画笔会导致笔触变化更大，它将帮助你更好地传达正在绘画的材质。回顾一下如何创建自己的自定义画笔，以便为特殊任务制作自己的画笔。作为一个案例讲解，我们将创建一个适合（但不限于）绘制头发的斑点画笔。

创建一个新文档（设置为Web）并将其大小设置为100像素×100像素，保持白色背景。这是画笔的基础设置。接着将使用黑色绘制画笔的尖端。

所有白色都将显示为透明的。选择尺寸为1~3像素的任何画笔，现在在画布上画下一些点。单击【编辑】菜单选择【定义画笔预设】，

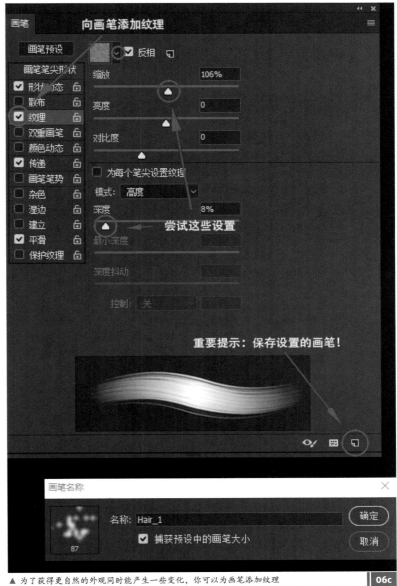

▲ 为了获得更自然的外观同时能产生一些变化，你可以为画笔添加纹理　**06c**

接着在弹出的窗口中指定名称；再单击【确定】按钮（见图 06a）。该画笔将显示在画笔预设列表中（见图 06b）。

让我们优化其设置，以便有效地使用它。如前所述，重要的是要将多样化融入画笔中以获得生动的外观。这里的纹理设置特别有趣，因为它允许你为画笔添加纹理和多样性（见图 06c）。如果要绘制毛

发或草的材质，可以创建由小笔触而不是点组成的画笔，然后将其与【散布】（【笔刷预设】面板中的【纹理】上方）组合。你还可以使用【形状动态】：【大小抖动 / 角度抖动】来增强效果。

画笔有很多可能性，所以强烈建议你尝试各种画笔设置。祝你玩得开心！

1.4 设置调色盘

如何使用补色、拾色器，并传达情绪

作者：贝尼塔·温克勒

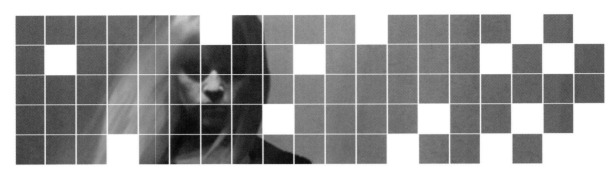

除了如何使用补色或如何设置调色板等技术问题，我们还需要了解颜色可能对我们产生的心理和生理影响（有意识或无意识）。我们想要观众的回应是什么？哪种颜色能最有效地传达某种情绪？我们需要确保沟通是正确的。

step 01

一些颜色及其影响

图 01a 显示出了可见光光谱的图示，让我们分解它以获得快速概述。

- 红色引人注目，令人兴奋，需要关注。这是一种非常活跃的颜色。热情、好斗、性感。想想炽热的火焰、鲜血、水果或有毒的蘑菇！

- 橙色是一种吸引眼球的颜色，它不像红色那样热烈，但仍然非常温暖，可以与年轻、乐趣、雄心和高能量相关联。

- 黄色引起注意，与乐观、快乐、阳光和温暖有关。但它也被一些动物用作警告颜色，例如黄蜂。

- 蓝色凉爽而遥远，它与天空、空气和水联系起来。它可以是

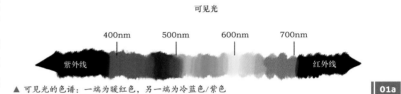

可见光

▲ 可见光的色谱：一端为暖红色，另一端为冷蓝色/紫色 **01a**

平静的，也可以是悲伤的：让人想到"心情忧郁"或"冷漠无情"（见图 01b）。

- 绿色与自然、健康和成长有关。它具有镇静和放松的效果（见图 01c）。

- 紫罗兰是两种截然不同颜色的组合：冷蓝色和火红色。它可以与孤独、皇室和灵性联系在一起。也可以与神话主题和其他世界相关联。

我们将在本书的【讲故事和渲染氛围】一章中进一步探讨不同颜色和颜色组合的许多效果和用法。

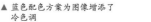

▲ 蓝色配色方案为图像增添了冷色调 **01b**

▲ 由于温暖的金色绿色调，这个角色更加平易近人 **01c**

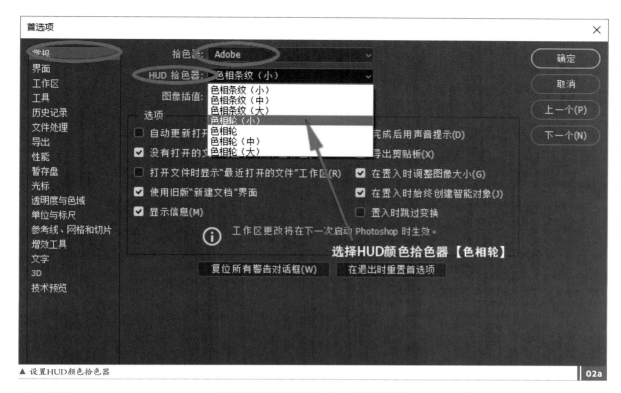

▲ 设置HUD颜色拾色器　02a

step 02
使用 HUD 拾色器

你可以使用几个选项在 Photoshop 中选取颜色，其中一个功能是 HUD 颜色拾色器。让我们来设置这个功能。在顶部菜单栏中选择【编辑】>【首选项】>【常规】打开【首选项】面板。我们来看一下色轮，所以在下拉菜单中选择【色相轮】（见上图 02a）。要使用拾色器功能，选择画笔工具（B），转到画布，然后练习以下操作：

- 按住【Alt】键并单击画布以选择正常方式（见图 02b）。
- 接下来尝试在将鼠标悬停在画布上时按【Alt + 鼠标右键】。你可以选择通过向左 / 右移动 / 悬停来改变画笔大小（见图 02c）。如果上下移动 / 悬停，可以改变画笔的硬度。
- 按【Alt + Shift】键并单击；画布将在该位置设置颜色取样器。要再次删除它，只需按住该组合键再次单击它即可删除（见图 02d）。

▲ 探索HUD功能需要一些练习　02b

▲ Alt + 悬停单击可以更改画笔大小　02c

▲ Alt + Shift + 单击画布将设置颜色取样器。再次单击可删除　02d

"用参考图像创建色板的一种有用技巧是使用马赛克滤镜。"

如果不是直接单击画布而是按【shift+Alt】键并右击，则将打开色轮（见图02e）。按住所有按键（也在你的笔上），可以在滚轮周围移动以选择新颜色，同时能够看到颜色在色轮上的位置。如果需要找到与另一种选择的颜色对比最大的颜色，可以查看其在色轮上的相对位置。

step 03
创建配色方案

如果需要在特定的配色方案中创建角色，则色板非常有用。也许客户已经给你一个带有一些颜色的彩色图像作为参考，你可以从其中挑选颜色（见图03a）。

用照片参考图像创建色板的一种有用技巧是使用马赛克滤镜，将图像变成马赛克。打开漂亮的彩色照片作为基础，复制背景图层做备份，所以选择全部（Ctrl + A），复制（Ctrl + C）和粘贴（Ctrl + V）。

新图层将用于滤镜。单击图层将其激活，然后从顶部菜单栏中选择【滤镜】>【像素化】>【马赛克】（见图03b）。根据色块的大小，将获得各种主要的颜色。

尝试各种尺寸，以获得合适的结果——你可以清楚地看到不同颜色的方格（见图03c）。接下来从马赛克中挑选颜色并绘制自己的调色板（在新文档上，或直接在角色文档的新图层上）。

由于颜色的减少，你可能会丢失一些漂亮的高光和暗部颜色（见图03a）。使用吸管工具（I）从原始照片中拾取它们，要将这些颜色

▲ 选中画笔并按Alt + shift +（右键）悬停单击它将打开HUD色轮 `02e`

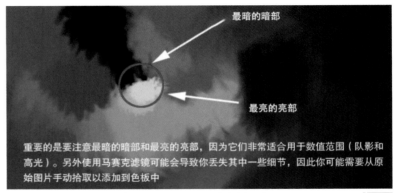

最暗的暗部

最亮的亮部

重要的是要注意最暗的暗部和最亮的亮部，因为它们非常适合用于数值范围（队影和高光）。另外使用马赛克滤镜可能会导致你丢失其中一些细节，因此你可能需要从原始图片手动拾取以添加到色板中

▲ 以给定的配色方案为基础创建角色，只需直接从该图像中选择颜色即可 `03a`

▲ 从给定的参考图像中创建马赛克，以创建可能的基础配色方案。使用色块大小进行设置 `03b`

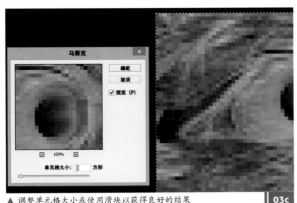

▲ 调整单元格大小或使用滑块以获得良好的结果　03c

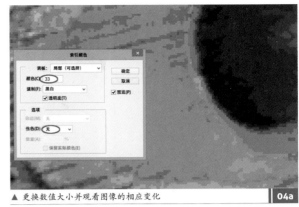

▲ 更换数值大小并观看图像的相应变化　04a

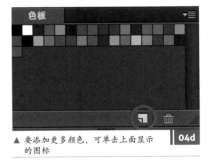

▲ 单击空白槽格以打开拾色器并选择一种新颜色　04b

▲ 要找到新颜色表，请确保将文件类型设置为颜色表ACT　04c

添加到色板中。

step 04
索引模式下的色板

索引颜色模式使用颜色查找表来创建图像，这是一种创建 8 位 256 色文件的方法，它对于节省磁盘空间和创建基于 Web 的图像非常有用。

打开参考照片。选取一张 JPEG 或 PSD 格式的图像。为操作简单，我们再次使用这张孔雀羽毛。我们将在一秒钟内弄乱该图像，因此要确保将其保存为新的文件名，以便安全地使用它。

现在想要做的是提取一些漂亮的关键颜色，同时省略多余的颜色。我们想要从图像中创建一组 Photoshop 色板，可以加载、保存色板，甚至可以将色板导出到其他程序，如 Illustrator。

从顶部菜单栏中选择【图像】>【模式】>【索引颜色】。在弹出菜单中输入一个小值并观察图像的相应改变（将【仿色】设置为【无】以获得清晰的颜色形状而不是点状过渡）并单击【确定】按钮（见图 04a）。从索引图像中获取颜色样本，选择【图像】>【模式】>【颜色表】。在弹出的菜单中，可以看到色板；单击存储，指定名称，然后单击【确定】按钮（见图 04b）。

打开我们的新颜色表（见图 04c）。在【色板】面板菜单中选择【载入色板】（将新色板添加到现有色板；如图 04d 所示）或选择【替换

▲ 要添加更多颜色，可单击上面显示的图标　04d

色板】以使用新色板替换现有色板。请注意，要确保在弹出菜单中将文件类型更改为【颜色表】（ACT），这样新文件就会显示出来。选择你的文件，然后单击【载入】即可。

step 05
给角色着色

注意主光源的光源方向，在明

▲ 黑白素描。首先要关注光源 **05a**

▲ 选择配色方案：红色、电蓝绿松石、黄色和黄绿色 **05b**

▲ 添加主色调。颜色图层位于草图图层的上方，对所有颜色进行调整 **05c**

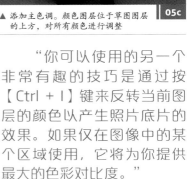

▲ 在混合模式设置为【颜色】的新图层上重新绘制某些区域的颜色 **06a**

暗区域进行绘画。从灰度开始有助于确定明度值，而不会被颜色选项分散注意力。完成了黑白人物素描（见图 05a），下一步将添加一个新图层并添加一些颜色。

选择配色方案（见图 05b）来传达概述中讨论的特征，其中包括时尚、引人注目、时间旅行、未来主义和不寻常等关键字。即使配件被放在一边，角色设计也应该体现这些特征。为了确保这一点，我决定添加一个可识别的特征：绿松石色的长发。

对于她的时间旅行设备，我选择了黄蜂的警告颜色来表示可能的

危险。想想那些黄色和黑色的"危险！高压！"标志。

在背景中，我选择了温暖、友好的绿色调，以传达轻松的氛围。你可以在图 05c 中看到填充绿色的图层的效果。将图层模式设置为【颜色】，然后将图层放置在黑白素描图层的顶部，以便对所有颜色进行调整。它将成为作品的主要颜色。

颜色的下一个要素是角色的行李箱，它具有一些非常重要的特殊功能，需要引人注目的红色！

step 06
如何改变颜色

有时我们需要改变颜色来改变绘画的效果。我们可以使用图层模式，或者使用【调整】命令中的【色相/饱和度】功能。让我们从图层模式开始更改颜色。

在当前绘制图层的顶部创建一个新图层。在【图层】面板中，选择【图层】混合模式【颜色】（见图 06a）。现在画出你想要改变颜

"你可以使用的另一个非常有趣的技巧是通过按【Ctrl + I】键来反转当前图层的颜色以产生照片底片的效果。如果仅在图像中的某个区域使用，它将为你提供最大的色彩对比度。"

色的区域。完成后，向下合并该图层（在【图层】面板菜单中选择【向下合并】）。

要更改现有图层的颜色或更改整个图像的颜色，按【Ctrl + U】键，将弹出【色相/饱和度】对话框（见图 06b）。你可以通过移动滑块来进行设置，在可能的配色方案中获得的一些新想法！

你可以使用的另一个非常有趣的技巧是通过按【Ctrl + I】键来反转当前图层的颜色以产生照片底片的效果。如果仅在图像中某个区域上使用，它将提供最大的色彩对比度。

最终角色如图 06c 所示，这是最终所选颜色的效果。

▲ 使用【色相】和【饱和度】命令调整颜色　　`06b`

▲ 最终角色效果　　`06c`

★ 专业提示

你有一个符号性的角色候选！

　　在设计角色时你并不确定自己的想法是否有效，此时将设计转化为一种新的风格会很有帮助，例如漫画人物、儿童绘画或原创的漫画。凝练出来的内容，将是重要部分的展现。你任能够识别出角色吗？如果可以，那就祝你的创作进展顺利！

孩子们画的角色

▲ 孩子们画的角色

第2章　创建你的角色

探索主要的艺术理论技术和顶级技巧，以呈现引人注目和特征明显的角色设计。

　　现在你已经具备了设置工作区和工具的技能，但是如何设计一个令人信服的角色呢？在本节中，贝尼塔·温克勒将介绍一些与刻画角色相关的著名理论。从形态和解剖开始，Benita 将带你了解角色的类型、构图、叙事和渲染氛围，使用图像演示释义，并论述传达有效的角色创作背后的线索和工具。

2.1　形态与解剖

如何通过身体特征和姿势来塑造你的角色

作者：贝尼塔·温克勒

人们对塑造角色的兴趣由来已久，在某种程度上角色设计是一种古老的艺术形式。如今，艺术家们拥有强大的 Photoshop，但如何以最引人注目和最具辨识度的方式呈现一个角色的基本问题仍然存在。要进行角色设计，你需要考虑许多不同的方面，包括形态、形状、姿势和面部表情。

同样重要的是，要理解这一切都始于我们的观众的想法。我们对表达艺术背后的线索和魔法工具了解得越多，创造就会更加强大和有效。

一个角色不仅仅由他或她的高科技盔甲组成。如果我们能设法做出表面划痕并找出布料、金属或绘制美人鱼鳞片背后的东西，那么我们就能向观众展示一个真实的"人"，他们也能够建立起联系。

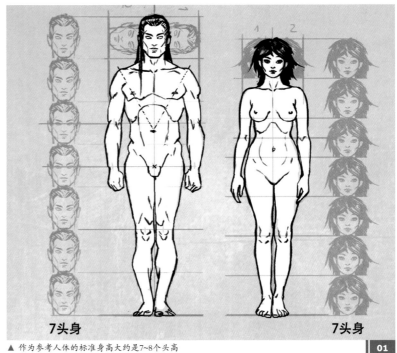

▲ 作为参考人体的标准身高大约是7~8个头高　　　01

step 01
形态和解剖

形态是我们观察一个角色时首先感知到的东西之一。根据外貌、解剖结构和姿势，开始对我们面前的人物做出一些假设：例如他们是朋友还是敌人？强壮或弱小吗？年轻还是年老？

当我们获取周围世界的可用信息时，大脑开始归纳；我们运行内部脚本，然后触发某些回应。这种情况发生得很快，而且往往我们没有意识到。

例如，结果可能是我们害怕某人，或者被他们吸引。

例如，看到婴儿会引发保护弱势群体的情绪，而看着一个强大攻击者的图像会引发恐惧、敬畏或反感的情绪。这一切都发生在深层的潜意识里。

为什么这些反应对于角色设计师来说很有趣呢？因为可以利用这些假设向观众传达我们的故事和想法！

让我们看看如何画出人体的基础形态，并从中开始探索吧。作为比例的一般参考，人体的高度在7-8个头之间（见图01）。请注意，女性的体型比男性更圆润、更柔软、棱角更小。这些整体形态上的差异可以很好地利用。

step 02
形状和个性

为什么在设计角色时，外形和整体造型如此重要？根据对其实世界中物体的理解，我们将不同的个性赋予不同的形状（见图02a）。

想想一个锋利的物体，比如一把刀或一块玻璃碎片，它的基本形状是什么样的？它有坚硬的边缘，它是尖锐的，可能有一些直线。简化成一个基本形状可以得到一个三角形。如果将这个想法更进一步，可以通过添加三角形来增强角色的设计，从而创造一种邪恶的感觉，并给他们一个动态的边缘。

或者，考虑一个圆形的物体，比如一个梨或一个苹果。这将创造一种柔和温暖的感觉，这种感觉通常与女性角色联系在一起。可以将流畅的曲线和圆形用于友善的角色。

可用于设计的另一个基本形状是正方形或矩形，它是静态的，特点是有力量感和稳定性。想想搭建房子的积木，矩形是稳定且不容易跌倒。如果用在设计中，矩形可以给人一种善良、强壮的角色印象。可以使用这些形状的组合来开发不同的有创意的角色（见图02b）。

使用形状进行特征设计

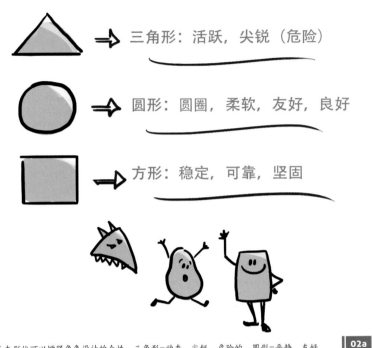

▲ 基本形状可以增强角色设计的个性。三角形=动态、尖锐、危险的。圆形=平静、友好、柔和。正方形=静态的、强壮的　**02a**

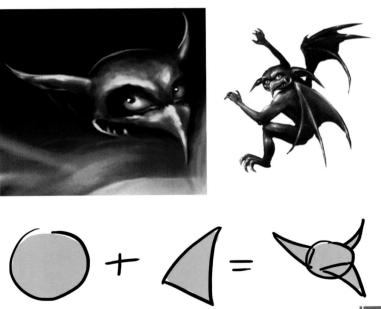

▲ 结合基本形状以获得新的角色创意。这里，一个圆头形状（友好）加上一些尖锐的三角图形（可能有危险）会创造出一个狡猾的怪兽　**02b**

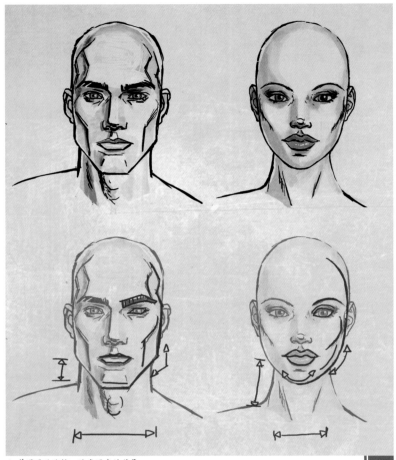

▲ 普通面孔比较。注意两者的差异　03a

step 03

男女肖像的差异

　　那么，是什么让男性的脸看起来是"男性的"，而女性的脸看起来是"女性的"呢?

　　看一看图 03a，一般男性有硬朗的线条，棱角分明，有力的下颌线和方下巴，特征就像从岩石上凿出来一样。女性肖像显示出精致、圆润的特征，整体曲线柔和，没有生硬的棱角。

　　为了创作出男性化的肖像，可以把头部的形状画得更方更有棱角，让脖子更短更粗，再加上喉结。

　　对于女性的头部，以较少的尖角绘制圆形的线条，脖子会更长、更纤细，有柔和的曲线，而不是直线。男性的肤色可能会更深，这表明他们的特征比较粗糙，面部有些许毛发;女性的皮肤则绘制得清爽柔滑。

　　在女性肖像中，眉毛要画得很柔和。在图 03b 中可以看到男性浓密的眉毛对女性肖像的影响。

　　因为女性的眼睛比男性的更大。为了增强女性的感觉，可以添加睫毛和眼妆。对女性来说，把鼻子绘制得更精致会更具女性的细腻特征。

step 04

面部表情与情绪

　　除非我们的角色是一个非常好的演员，扑克玩家（或者注射了很多肉毒杆菌素以防止面部肌肉工作），否则我们将无法通过面部表情和眼神来分辨出他或她的情绪状态（见图 04）。眉毛是扬起的或紧蹙着的?眼睛是炯炯有神地睁着还是睡眼惺忪的?嘴巴放松了吗?是不是在微笑?

　　正面和负面的情绪多种多样，面部特征会相应地显示出:幸福、愉悦、兴趣、厌恶、愤怒、轻蔑、恐惧和惊讶等情绪。举几个例子，如果遵循这些基本知识，同时尝试

▲ 女性浓密的眉毛会产生男性化的效果　03b

▲ 根据情绪的强烈程度，整张脸都会受到影响，拉伸和扭曲的表情　**04**

为角色创造某种背景，那将会有很大的帮助 —— 叙述故事。

考虑一个角色所面临的特殊情况，这样可以用更合适的表达使其具有更微妙的差别。

> "一个眼神可能是具有挑战性的或是诱人的；它可以暗示兴趣、温暖、恐惧、悲伤；否则可能会显得冷酷而令人生畏。"

step 05
眼神接触

如何赋予角色独特的"外观"，使他们真正栩栩如生？就像"眼睛是通向心灵的窗口"一样，可以用角色的眼睛来传达他们的感受和想法。一个眼神可能是具有挑战性的或是诱人的；它可以暗示兴趣、温暖、恐惧、悲伤；否则可能会显得冷酷而令人生畏。

如果你观察下面的图 05a 和 05b，你还将看到直接建立在镜头

▲ 直接看向镜头的角色可以即时与观众建立联系。可以使用这个小技巧来吸引观众　**05a**

▲ 隐藏在面具后面的脸会掩盖表情，让观众猜测其背后的内容　**05b**

清瘦体型
瘦骨嶙峋的类型

粗壮体型
精力充沛的类型

肥胖体型
肥胖的类型

▲ 文化定型观念 `06`

中的人物肖像可能会对观众产生强烈的影响，因为它将建立联系：它对观众演讲并直接让观众参与进来。这可能是一个非常有用的技巧，因此请记住！

step 06
身体类型（体型）

身体类型与特殊性格特征有关吗？根据美国心理学家威廉·谢尔顿（William Sheldon）博士的研究，他们研究了各种人体和气质。在 1930 年代后期，他创建了他的"体型"系统。在拍摄了成千上万的人的照片进行分析之后，他发现了三种基本元素，这些基本元素结合在一起构成了所有身体类型。他将它们定义为三种体型：内胚叶型、中胚叶型和外胚叶型。因此，我们所有人都由不同程度的这些组成部分。没有其他甚至是一点元素的存在，任何人都不是单纯的介晶。

但是，了解人类不同体质的最简单方法是观察三个极端（见图 06）：

- 清瘦体型：长而瘦弱的肢体和肌肉，脂肪储存量低，不容易形成肌肉。

- 健壮体型：肌肉发达、结实、骨骼大、脂肪含量适中且躯干

苗条型　　　　竞技型　　　　沙漏型　　　　梨型　　　　苹果型

▲ 一些普通的女性身体类型 `07a`

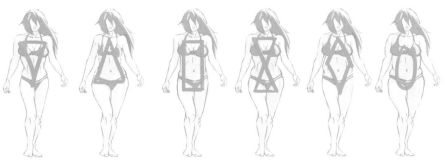

倒三角形　　三角形　　长方形　　沙漏形　　钻石形　　圆形

坚实，容易形成肌肉。

● 肥胖体型：臀部宽阔、肩膀中等、骨骼结构中等，很容易增加体重和存储脂肪。

一些体格具有某些文化定型观念。例如，健壮型（肌肉发达的）被认为是受欢迎且勤奋的；而肥胖型（肥胖的）被认为是懒惰且动作缓慢的。清瘦型（瘦骨嶙峋的，瘦弱的）被认为聪明但神经质，酷爱长跑运动，例如马拉松。

假设还包括这样一种观点：肥胖型易于交际、随和；健壮型具有冒险性、大胆、竞争性、侵略性和精力旺盛的特点；而清瘦型则是内向的、拘谨的和有城府的。因此，角色的形状可以传达出他们是哪种类型的人。

step 07
体型分类

研究人类在形态和形状上的差异。通过仔细观察周围的人，对现有的各种各样的比例有了敏锐的洞察力。这就像为我们的角色设计建立一个视觉库。

通常，如果希望女性角色比男性角色更精致，请使用柔和的曲线而不是硬角度。与男性相比，女性体内脂肪含量更高。这也影响着人体脂肪的分布：女性的臀部、髋部和大腿比男性更圆润，而男性肌肉更发达。

图 07a 和 07b 给出了一些可用于对女性身体进行分类的不同身体形状的示例。显然，没有固定的规则，每种形状的实际尺寸范围很广。了解基本形状和变体后，可以

创造任何想要的角色。不过，不要把所有的女人（男人）都画得一样！通常，当我们适应了一种做事的方法，会变得懒惰，并且会一遍又一遍地重复已经学到的知识。要探索不同方式并尝试一些变化！

step 08
姿势，平衡和运动

在绘制角色时，重要的是要理解人的形态本质上是一种微妙的平衡动作。每走一步，我们都使全身运动，这决定我们看起来是否优雅。人们行走的各种方式是角色设计灵感的重要来源。

根据角色投入运动的能量，它可以展现自信，头部和身体直立，挑战世界。如果角色缺少活力，则可能是一个松垮的动作，角色被击败了，他耷拉着肩膀，手臂悬挂在身

▲ 通过使用剪影形探索不同姿势的效果。单是外形就可以传达很多有关角色的内在状态和情绪的信息　　08

★ 专业提示
剪影

剪影是探索姿势效果，检查姿势是否真的有用的好工具。此外，它们是专注于形状和设计的一种快速方式，能够对观众产生强烈的影响。一个好的角色的剪影形很容易被识别。

上，正在无精打采地走着路。这些品质将在其剪影中展现（见图08）。

step 09

曲线，节奏和动作

由于角色设计与观众产生的情感反应有很大关系，因此设计越逼真，就越容易与观众建立联系。我们需要捕捉想象中的"生命"存在的能量和态度。在图形中，可以使用线条和曲线来讲述我们的故事，并为创作赋予一种运动和兴奋的感觉。

如图09所示中，可以看到对称性对姿势的影响，对称看起来僵硬、呆板并且有点无聊。但是，如果模型以不对称姿势呈现，流动的曲线将立即改变该印象，如右侧图所示。

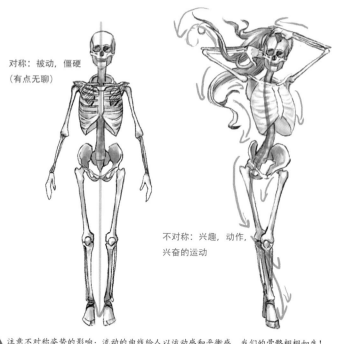

对称：被动，僵硬
（有点无聊）

不对称：兴趣，动作，
兴奋的运动

▲ 注意不对称姿势的影响：流动的曲线给人以运动感和平衡感。我们的骨骼栩栩如生！ `09`

step 10

肢体语言和动态图

非语言交流在人类社交互动中起着重要作用。即使我们不会说话，仍然可以通过肢体语言进行交流。根据阿尔伯特·梅赫拉比安（Albert Mehrabian）教授关于情绪交流的一些研究，如果一个人坐在我们面前谈论他们的感受，我们会对55%

专注于表情——轻松灵活地绘画

▲ 初始姿势图。红线表示流畅的节奏。使用非对称曲线表现运动感，方向和平衡性！ `10`

流畅的线条暗示着平衡，节奏和生动的动作

用动态的非对称曲线描述外部形状

yes!

no

避免毫无生气的"雪人"效应

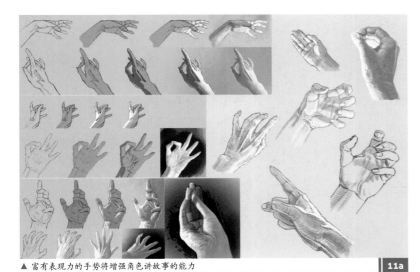

▲ 富有表现力的手势将增强角色讲故事的能力　11a

"魔法出现在绘画中捕捉到的生命火花。"

的肢体语言，38%的语音语调，7%的口语做出反应。这意味着，当我们看着面前的人时，无论他们说什么，我们都会下意识地"阅读"他或她的真实感受和态度。作为艺术家，可以使用肢体语言的效果来传达故事。

要为角色找到一个漂亮活泼的姿势，从一些快速的动态图开始会很有帮助（见图10）。这些是简单的图纸，可以抓住姿势的本质。角色是快乐还是悲伤？激进还是消极？这些基本品质应在初步阶段就显现出来，并准备在设计中进一步应用。

魔法出现在绘画中捕捉到的生命火花。对艺术品的渲染和返工越多，就越倾向于扼杀它的生命力。请确保从一开始就使线条生动放松，在最终的插图中会留下一些能量在闪烁。

step 11
富有表现力的手势

另一种增强角色形象的方法是注意手的表达。我们在交流时会使用手，有些人比其他人使用得更多，有微妙的姿势和疯狂夸张的姿势。手可以用来指事物，可能会因为愤怒而抓扯，或者会在友谊中张开。手可以是邀请、引诱，要求或捍卫。

有时，仅观察角色的手的姿势即可提供足够的信息，了解角色是什么样的。通过分析人们握住手的方式，可以得到很多线索：例如，在咬指甲的人会显得焦虑不安。因此，手的姿势可以非常有效地来讲述你的故事（见图11a和11b）。

▲ 握住衣服精致围巾的手为角色增添了诱人的姿态　11b

"作为人类，我们会产生同理心，我们与另一个生命越相似，就越容易引起共鸣。"

step 12
关于外星混血的设想

在本章结束时，我们对混血或外星人有一些设想。我们的创作能走多远？在不失去与观众联系的情况下，可以替换多少人类特征？作为人类，我们会产生同理心，我们与另一个生命越相似，就越容易引起共鸣。

我们的对手越陌生，我们就越觉得可疑（见图 12a），因此当涉及情感接触时，我们需要相似的联系（见图 12b）。我们可以与混血建立联系，因为它们完全有能力像人类一样表达感情，看一下图像 12c 中的角色。尝试平衡这些因素，看看可以得到什么。

▲ 为了使观众感到不舒适，可以添加外星人特征以防止情感联系　12a

▲ 这家伙似乎很不讨人喜欢，但它具　12b
有人类相关的特征

▲ 混血画起来非常有趣。要获得灵感，只需看看动物世界并结合元素创造一个新的设计　　　　12c

2.2 角色类型

是什么使不同类型的角色可识别？

作者：贝尼塔·温克勒

我们倾向于以很多偏见来感知周围的世界，刻板的印象确实存在。如果在艺术品中过分夸张，那么它看起来会很庸俗，如果角色的表现真的太夸张，且是有意而为之，那么我们将会觉得无聊或可笑。

作为角色设计师，我们需要了解已知的角色类型以及与之相关的联系。这里的主要任务是创造亮点并避免同质化（结果会导致很无趣），同时向我们的观众展示与他们有关的东西。

为此，我们需要打开一扇观众过去经历的大门。我们需要找到一些能在更深层次上与他们联系的东西。如果你能够与观众谈论一些对他们有意义的事情，并充分挖掘他们的感受和情感，你在艺术上的努力才会获得回应。

如果你想被别人理解，请保持原创，但不要偏离某种类型。如果角色是邪恶的，则使他们看起来邪恶。让我们谈谈各种角色类型，以及如何使用视觉的关键元素来确保我们的角色会如我们所愿地被表达出来。

▲ 角色排列，其中包括一些标准的老套的角色类型

▲ 女英雄的性格。注意强者的站姿和指挥的手势　01a

step 01
英雄与女英雄

大多数故事的主角是英雄（或女主角）或好人（或女孩）。不一定是超级肌肉巨星，永恒的胜利者，半神或顶级模特。但是角色必须具有某些特征和品质，使他们在任何情况下都能被视为英雄。

让我们分析一下使角色看起来像英雄的原因。在上一章中，我们简要地讨论了形状在角色设计中可能产生的影响：三角形具有活跃，危险的特征；正方形代表可靠；圆形代表友好。这是传达想法的一种方式，另一种方法是将元素混合在一起使用，当看到这些元素一起时，它们将传达某些特征。暗示英雄的元素可以是强壮挺拔的站姿，肩膀向后，宽阔的胸膛，收腹，并带一个指挥的手势。武器也可以暗示力量（尽管你要知道，一个手无寸铁的小男孩也可以成为英雄！）。

在图 01a 中，珠宝和制服的徽章暗示着力量和影响力。金发在天使角色上看起来不错，但如果搭配辅助元素，也可以在邪恶角色上使用。红色是强调角色的不错颜色，因为它可以引起关注。在这里，通过整体添加金色色调来暗示财富和力量，可以增强效果。作为参考，要让英雄看起来强大，面部要有坚毅的表情。图片 01b 是女英雄的另一个案例。

▲ 女英雄角色的另一个案例　　01b

step 02
恶棍和邪恶角色

这些才是有趣的！对于邪恶的角色，没有什么能阻止你。享受黑暗的一面，尽情放纵！与好人相比，有很多机会添加微妙的幽默并放大它。图 02a 显示了恶棍埃尔文战士的示例。我加强了他发型的前部，使本来就尖的脸看起来更加尖锐锋利。在这里，角色的真实态度主要体现在他的面部表情上。他肩上飘扬的长发，勾勒出尖锐的轮廓，轮廓上有很多像碎片一样的三角形，这暗示着一定的动态和危险性。

在这一点上，你可能想知道所有这些对小细节的分析是怎么回事：记住小细节的重要性很重要。如果你观察图 02b，它显示的是相同的角色，但具有较柔和的面部特征——请注意邪恶的方面是如何消失的。

当创造一个恶棍时，请尝试想象一个坏人会有的行为。你甚至可

★ 专业提示

添加一些对比

为了使角色真正脱颖而出，始终力求对比。尝试将坚硬的（甚至是讨厌的）特征与漂亮，迷人和美丽的东西结合起来。

▲ 恶棍埃尔文战士　　02a

▲ 稍做改动，他看起来很友善　　02b

▲ 猜猜她的角色类型　`02c`

▲ 红色的窗帘增加了她诱人的姿势　`03a`

▲ 海报女郎角色　`03b`

▲ 以程式化的漫画风格制作的一些愚蠢/滑稽的角色

`04a`

以在脑海中扮演这个角色：想象这个角色的姿势，面部表情和个人兴趣。一些小的细节，例如一种特殊的发型设计，确实可以使恶棍的印象增添很多深度（见图02c）。

"如果你需要为你的项目画出致命的蛇蝎美人形象，请首先考虑一下她的故事。你角色的使命是什么？"

★ 专业提示
使用很多图层式

如果你尚未这样做，请使用图层。这将允许你在工作过程中切换元素。除过早合并外，没有什么比不得不重新绘制元素更烦人的了。

step 03
蛇蝎美人和美人画报

蛇蝎美人：想象詹姆斯·邦德电影中的蛇舞者，间谍和双重间谍。想想神秘、诱惑（见图03a）和致命情况！

在分析这类角色类型时，可以说他们的主要成分是具有吸引力、色情，意志坚强和道德模糊。蛇蝎美人是危险的，她的美丽是一种武器，她知道如何使用它……

如果你需要为你的项目画出致命的蛇蝎美人形象，请首先考虑一下她的故事。你角色的使命是什么？她生活在什么年代里？这将决定衣服的选择。选择一个合适的性

感姿势——自信又充满女人味。保持她脸上傲慢的表情。并且没有弱点！为了使自己的情绪更柔和，可以为她的灵魂添加一些弱点，给她一个奢侈的嗜好，例如对钻石，香槟或香烟的热爱。将这些元素添加到她的装束中以支撑你的故事。

相比之下，经典的海报看起来通常更清纯有趣。这里的任务很简单：为装饰目的画一个性感，有趣的女性。露出一些皮肤，挑逗，并确保气氛轻松愉快（见图03b）。

step 04
愚蠢/滑稽的角色

考虑到经典的迪士尼动画，当

想到这种类型的角色时，脑海中会出现许多角色。

图 04a 展示了一个以漫画风格创建的两个角色的示例。右边的那个古怪的家伙是我们的英雄；左边的那个邪恶的女人是我们的对手。分析一下使英雄看起来特别愚蠢的特征。

首先，注意姿势。他的站姿很扭曲，弯腰驼背。他是一个好人（笑容，开放的表情），但马虎又笨拙：他夹克上散开的腰带暗示着他很懒散、粗心和懒惰。他的头发也不是很整齐。

就对手而言，由于在该案例中要求的风格不是现实主义而是喜剧风格，所以夸张是正确的方法。她应该是恶毒的校长／教师，因此头饰是一个值得关注的好元素。从这个意义上讲，双层服装设计很容易辨认，并且衣服的硬度可以传达角

▲ 放置在场景中的漫画人物　04b

色的内在状态。白色的手套给人以她绝对正确和偶像般完美的印象。她选择的武器是手里拿着的红皮书（假设这是某种宗教制品，正如她的姿势所暗示的那样，对她来说具有极大的价值）。

人物所处的环境对于创建角色也很重要（见图 04b）。背景有助于使观众了解角色生活的时间和地点——没有电，取而代之的是煤气灯和蜡烛。同样要看图 04a 的背景，扭曲、无叶的树木和蜘蛛网暗示秋天的季节。通过远处的雾，可以看到一些城堡或破旧的旧城的屋顶。杂草丛生的台阶增添了整体的气氛。

"还可以夸张体格：强壮的战斗类型可以有一些不自然的肌肉块。"

step 05
黑暗战士

列表中的下一个角色类型是黑暗战士，一个有剑和全副武装的角色。为战士绘制盔甲时，在开始设计之前分析装备的功能会很有所帮助。大多数人可能永远不会注意到一把剑是为两只手还是一只手而造，或者握柄足够长或太短。但是，对于战士角色来说，需要付出额外的努力来确保盔甲和武器是可以识别的（同时仍然具有功能性）。还可以夸张体格：强壮的战斗类型可以有一些不自然的肌肉块。

step 06
魔术师，咒语和灯光效果

让我们来谈谈魔术。与魔术师打交道时，一定数量的视觉火焰是意料之中的。毕竟，他们拥有超自

▲ 战士需要能够识别的功能性武器　05

要将观众的焦点拉到某个区域，请确保在图像中给它最大的对比度。这是你要放置最亮的灯光和最深的暗部的区域（见第60~69页关于构图的更多内容）。

▲ 服装暗示了这一职业。对称性引导眼睛看向神奇的手势　06a

然的力量，并且知道如何弯曲和操纵现实。现在，我们停止理论，打开Photoshop为自己创建一些火焰。

图06a显示了魔术师角色：没有尖顶的帽子，飘逸的长袍或长长的魔杖。取而代之的是异国情调的服装、手势和灯光的混合效果，以暗示施法的神奇效果。为了创建灯光效果，我通常使用以下工作流程：

1. 选择一个要绘画的新图层，并将其命名为【魔法光源】。使用纹理画笔，绘制一些粗糙的笔触。为此选择灰暗的

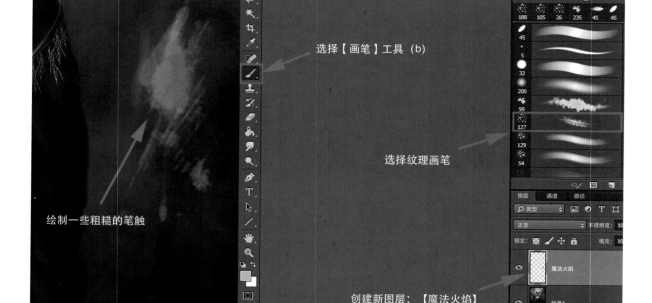

选择【画笔】工具（b）

选择纹理画笔

绘制一些粗糙的笔触

创建新图层：【魔法火焰】

▲ 选择一个新图层　06b

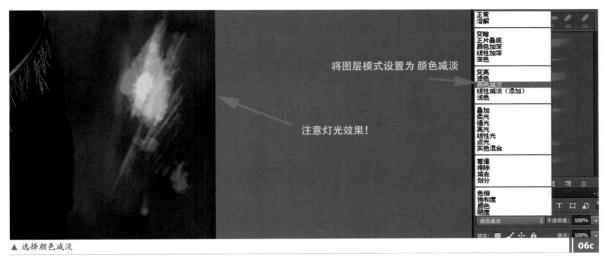

将图层模式设置为 颜色减淡

注意灯光效果！

▲ 选择颜色减淡　06c

增加饱和度的值；降低明度值

▲ 改变饱和度和明度　06d

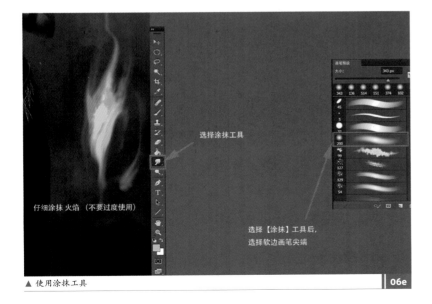

选择涂抹工具

仔细涂抹 火焰（不要过度使用）

选择【涂抹】工具后，
选择软边画笔尖端

▲ 使用涂抹工具　06e

颜色——没有极端（见图06b）。

2. 从【图层】面板的【图层模式】菜单中，选择【颜色减淡】。此模式可能会产生一些有趣的效果（见图06c）！

3. 在仍然选择【魔法光源】图层的情况下，按【Ctrl + U】键打开【色相 / 饱和度】对话框。更改饱和度和明度（见图06d）。

4. 小心地使用【涂抹】工具软化笔触。注意：为了更好地说明效果，图06e显示了极端的涂抹。

▲ 精锐圣骑士，以无休止的战斗为标志 `07a`

▲ 圣骑士进入战斗 `07b`

step 07
骑士和圣骑士

　　另一种经常需要的角色类型是骑士或圣骑士角色。他们与战士角色有相似之处，关于武器和盔甲的说法也适用于此步骤。实际上，所有这些分类都是相当灵活的。

　　也许圣骑士比住在高地的战士会更注意自己的外表。但是，如果一个骑士在过去的几个月里一直在路上，同时睡在泥泞的帐篷里，那看起来可能会有所不同。再想一想这个故事将会对角色产生怎样的影响，骑士角色的剑在战斗中是否被过度使用？他的盔甲是否来自无休止的战斗（见图07a）？他是一个骑着白马，一尘不染、光彩照人整日写诗的骑士吗？这样的考虑将增强你创作任何艺术品的可信度。

　　当绘制一种将在一个战场上成组出现或多次出现的骑士时，为该组提供易于识别的视觉元素会很有帮助。图07b显示了一组骑士的示例，所有骑士都可见红色元素。头盔的圆形设计还提供了视觉线索，表明他们是同一侧/军队的成员。

step 08
骷髅王和其他皇室成员

　　骷髅并不能提供那么多面部表

▲ 感兴趣的地方是他的脸和剑 `08a`

情的可能性，尽管还有一些艺术上的自由，但仍然可以给人一种令人生畏的面貌（见图08a）。王座加深了国王的想法。除了华丽精致的盔甲，皇冠还向观众表明了他的地位。

　　给皇室成员绘画时，加强印象的一种方法是使用华丽的服装和闪亮的珠宝（见图08b）。想想精致的结构，复杂的设计，丰富的图案以及多样的选择。相比之下，对于一个卑微的角色，你会希望是一个

▲ 王冠显示她的高贵 `08b`

简单的造型。

step 09
儿童和年轻人物

　　冒险故事的完美英雄！当绘制年轻的角色时，要看其体形和解剖结构（见图09a），面部特征将变得更加柔软和圆润。孩子的头身比例比成年人的要大一些。要画一个儿童的角色，请绘制大眼睛，大的前额，小肩膀和小胳膊。

　　姿势是另一种创作儿童或年轻

角色的方式。

儿童的活动和姿态是自然而不受限制的，因为他们还没有学会遵守成人世界的所有规则。

图 09b 显示了维多利亚时代一个年幼的孤儿的角色。他的裤子和外套破了，而且过大了。然而情况并非没有希望，他坐在屋顶上俯瞰城市，而且画面中光线充足。我们将在接下来的章节中讨论更多关于构图和讲故事的内容。

★ **专业提示**

实验比例

要切换角色设计的比例，请选择并复制你的设计，然后使用【自由变换】工具（Ctrl+T）进行缩放（同时按住Shift键以保持比例不变）。

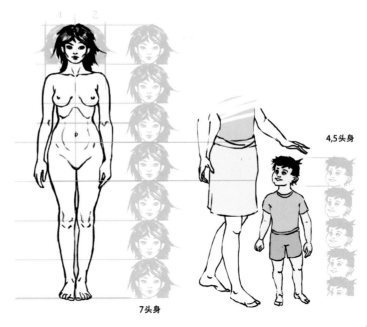

4,5头身

7头身

▲ 我们如何分辨角色是否是孩子？秘密在于头部的大小与身体的比例 | 09a

▲ 一个年幼的孤儿。他的衣服不合身，硕大的帽子进一步增强了他孩子气的外观©Sauerländeraudio / Argon Verla | 09b

2.3 构图与定位

增强设计的技巧和规则

作者：贝尼塔·温克勒

如果要增强设计的视觉效果，则需要确定角色在构图中的合适位置。对于给定的任务，某些构图比其他构图更好。

在这一章中，我们将研究各种构图的不同特点，诸如黄金比例和三分法则之类的规则，并讨论如何应用它们来改善图像的外观。我们还将研究一些 Photoshop 的工具，这些工具可简化图像的构图。

请注意，构图规则确实适用于人物肖像画。因此，我们将研究肖像构图的主题，探讨在肖像构图时可能遇到的困难，并学习如何避免它们。

构图不仅在宏观层面上起作用（大的形状），而且在微观层面上也起作用（内在连贯性）。为了获得和谐的结果，作品必须在各个层面上都发挥作用。诀窍是不要孤立地绘制零件，而是将它们与其他零件联系起来。在构图中结合宏观和微观非常有趣。它将有助于引导观众的视线围绕图像，合理地指导他们注意力的速度和流动。

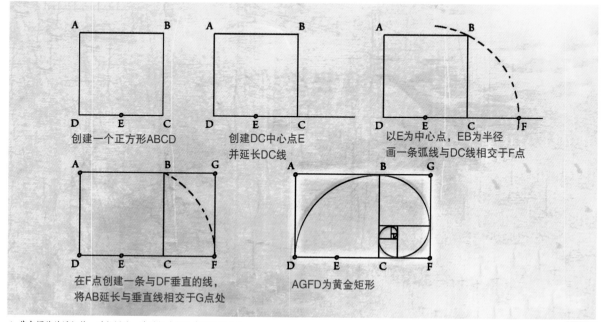

创建一个正方形ABCD

创建DC中心点E并延长DC线

以E为中心点，EB为半径画一条弧线与DC线相交于F点

在F点创建一条与DF垂直的线，将AB延长与垂直线相交于G点处

AGFD为黄金矩形

▲ 黄金螺旋的近似值，对数螺旋，其增长系数为黄金比例或 φ

01a

▲ 一个用黄金螺旋创作的设计示例　**01b**

step 01
黄金比例

> "没有数学就没有艺术。"
>
> Fra Luca Pacioli
>
> （莱昂纳多·达·芬奇的当代作品）

人类发现美和欣赏美的本能是生命的一大奥秘。当然，美存在于观众的眼中，但是有一些比例通常被认为是美学上美观。黄金比例的首次发现可追溯到公元前 100 年。从那时起，许多数学家和艺术家都以"神圣的比例"来进行研究和工作。

以黄金比例工作的创意者包括著名的建筑师勒·柯布西耶（Le Corbusier），他的作品大都按黄金比例分配。另一个例子是莱昂纳多·达·芬奇（Leonardo da Vinci），他在绘画中大量使用了黄金矩形。

你可以按照下面的图 01a 来构造黄金比例（这个美丽的数字是 1.6180339887，由希腊字母 φ 表示）。如你所见，金色螺线是由黄金比例派生出来的，是一种引导观众的眼睛围绕构图的有机方式。

▲ 另一个使用黄金螺线的例子。在这里，以螺旋形流线的构图设计角色的背景元素　**01c**

它会把观众的眼睛吸引到你想让它聚焦的地方。你的主题可以放在相交处，也可以放在螺旋线中心以产生巨大的视觉冲击力（见图 01b 和 01c）。

尽管数字是一个引人入胜的话题，但我们在这里不必进一步研究数学，而是研究在角色设计构图中使用它的可能性。

step 02

Photoshop 构图工具

当创作时，我们通常会本能地开始工作，而不用尺子测量元素之间的关系，直到作品完成后，才突然发现我们遵循了一种和谐排列的内在理念，现在可以通过叠加一个图表使它变得可见，例如金色螺线。这很重要：在初始设计时，不要把自己局限于严格的准则里，要相信自己的直觉。尽管如此，了解构图背后的理论还是很好的，在必要时可以修改画面。

在练习如何产生新颖的构图创意之前，先来看一个有用的Photoshop工具：裁剪工具。如果要检查取景是否可行或是否可以优化，只需使用【裁剪】工具即可将重要元素移至构图的最佳位置。

打开草图。从工具栏中选择【裁剪】工具（C）。裁剪菜单有不同的选项，例如，选择黄金比例（见图02a）。选择【裁剪】工具后，单击进入图像，将获得一个叠加层，并将图像分成黄金比例（见图02b）。请注意，交叉线的交点是你的最佳兴趣中心。拖动定位点（见图02c），将图像区域移至这些交点处并改进构图。按回车键确认，接着你可以继续进行设计。

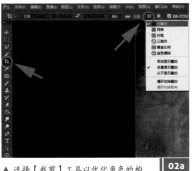
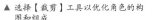

▲ 选择【裁剪】工具以优化角色的构图和组成　02a

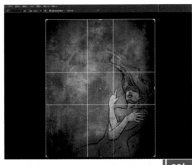

▲ 用覆盖的网格检测设计的构图是否合理　02b

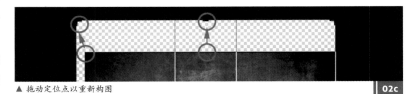

▲ 拖动定位点以重新构图　02c

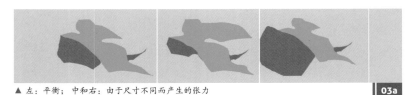

▲ 左：平衡；中和右：由于尺寸不同而产生的张力　03a

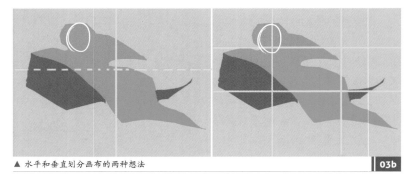

▲ 水平和垂直划分画布的两种想法　03b

▲ 添加对角线将画布分为有趣的部分　03c

▲ 该技巧反过来也同样适用！使用形状来分析草图，然后按所讨论的那样调整构图 `03d`

step 03

如何产生构图的想法

打破魔咒，无所不在地提出新点子可能是一个挑战。让我们寻找一些将元素放置在画布上的新方法。

首先使用你喜欢的任何大小的空白画布，例如 600 像素 ×900 像素的屏幕分辨率（这将是一个用于探索的粗略草图，因此无须打印分辨率）。在此步骤中讨论的示例是横向放置的，使用硬边画笔在画布上绘制两个相互作用的抽象形状，注意这些抽象形状的不同效果。要产生张力，请绘制一个比另一个形状更大的形状。如果看到两个形状大小相同，它们将趋于彼此平衡，这将导致更平和且较死板的外观（见图 03a）。

我们将继续左侧的平衡版本，这涉及三分法。三分法则涉及在你的图像上应用物理或心理网格（通常由四条水平和垂直线组成），并将焦点放在相交处或沿着这些线条上。首先通过水平和垂直线条分割（使用画笔线条）画布（见图 03b），然后决定将兴趣中心点放在哪里（请参见 step 04），避免将其放在画布中间。

现在添加对角线，将画布进一步划分为有趣的部分（见图 03c）。稍后，你可以在绘制草图时参考这些【辅助线】。形状有助于分析构图（见图 03d），可以作为简易的参考。图 03e 显示了最终构图。

▲ 最终构图 `03e`

step 04
兴趣中心

兴趣中心基本上是关于图片魅力的具有创造出强大吸引力的品质的一个区域，如果一切顺利，它就可以像魅力一样发挥作用，吸引观众的注意力。

对于成功的兴趣中心，请确保图片的其他元素不会对其产生干扰。它们应该烘托整个画面效果，如果它们的表现太过强烈，元素之间将开始竞争，从而降低了兴趣中心点的强度。

图04显示了一些有趣的构图。左上图的涂鸦显示该构图的中心点被缩小和简化，从而最大限度地发挥了作用，成为空虚处的中间点。通过消除图像中的所有其他元素，观众别无选择，只能被吸引到构图中的简单对象上。如果放大图片（右上图），可以发现有一个人站在那里。十分有趣。靠得更近些（左中图），我们自然地将注意力集中在人物的面部和手势上（兴趣中心位于左上角的交叉点处），直到我们离得足够近时才能看到她皮肤上的美人痣（右中图）。通过将兴趣中心放置在交叉点上，我们遵循了三分法则，这有助于强调构图中的焦点。

对于曼陀罗（左下图），居中对焦区域是可以接受的。皇室成员的肖像（右下图）或其他令人敬畏的人物可以使用对称的构图，其兴趣中心位于中间，而不是在偏左或偏右侧的某个位置。

要特别注意艺术品的重点区域。确定观众应观看的地方，这个地方必须具有最大的对比度，最丰富的色彩，最暗的黑色，最亮的白色和最迷人的细节。

▲ 不同草图的兴趣中心　04

▲ 动态构图与静态构图　05a

step 05

如何创建动态构图

在本节的第一章中，我们探讨了如何塑造角色，简要示意了形态在角色设计中的作用。

它可以以角色本身的形状使用，但也可以使用在应用于构图时。构图可以是平静而稳定的，也可以是狂野而戏剧性的，充满活力和动感。无论你要实现什么目的，使用方向线都可以帮助你完成任务。图 05a 为动态构图与静态构图的示例。

对于动态构图，请选择使用对角线，引导观众的视线在你的设计中有节奏地运动。为了达到平静的效果，要使用水平线和垂直线的组合而不是对角线。给人的印象将是秩序，力量和控制力。在对称性很强的艺术品中尤其如此。图 05a 的 b）中，将角色放置在靠近一侧的位置，从而获得了更有趣的构图。

图 05b 为三角形构图的示例，该构图具有动态效果。两个角色的姿势具有动感和活力。通过打破对称性，可以进一步增强效果：只需将兴趣中心偏离中线即可。请记住，对角线是动态的，给人以运动的印象。三角形构图增强了动感和流动的效果；对称性可以减弱它。

step 06

使用透视

角色被观看的角度将完全改变观看的效果。结果可能很微妙，但它们仍然会起作用。我们将研究三种透视方式来绘制角色（见图 06）：

1. 仰望角色。

2. 俯视角色。

3. 与角色的视线保持一致。

仰望角色，是从比角色低的位

▲ 三角形在微观层面上也会起作用，因为肘部形成了一个三角形指向某个方向。 **05b**

置看他。作为观众，我们的印象是他（或她）高于我们之上。与之相比，这会让我们觉得自己很渺小或者没有那么强大。每当表现强壮有力的超级英雄或成年人时，请使用此位置。这绝对是一种支配和能力的姿态，角色会被认为是强壮而有能力的。

俯视角色可以使我们从高于角色的位置看到角色。这使得角色看上去弱小而天真，软弱或是个小孩，它也可能是被击败的敌人。角色可以向观众抬起头，或者可以降低下巴以进一步加强他屈服的姿态。

在相同的高度中，我们与角色是平等的，并且可以轻易地与他们产生联系。角色看起来平易近人，因此我们可以更轻松地与他们交往。

▲ 不同透视的例子 **06**

▲ 所有元素相互作用，并且负形的形状是设计结构的一部分 **07**

step 07

正形和负形

在为角色定框时，你必须处理两种类型的空间：正、负形。正形空间是实际的主体，而负形空间是主体周围的区域。这意味着你放在画布上的每个物品都会立即改变整个画面的动态感和感知力。画面中添加的元素越多，减少的负空间以及角色在构图的画面中将更具动感。图 07 为已剪切并粘贴回文件中的角色。该图层已变暗，因此你可以看到正负形空间的效果。

请注意，她的皇冠上尖尖的角是如何在背景元素中进行镜像和重复的。右下方的线条中有更多的重复的想法。台阶的形状延续了顶部尖角的设计理念，但形状更大。

若要检验构图的效果（见图07），可以采用以下技巧：

- 使用【套索】工具剪切出角色

（请参见第 213 页）。将其复制 / 粘贴到文档中。如果角色由多个图层组成，请从【编辑】菜单中选择【选择性拷贝】以创建所选内容的合并副本【合并拷贝】（这非常有用！）。

- 然后需要使新图层变暗。打开【色相 / 饱和度】对话框（Ctrl + U）并降低【明度】。

- 接下来在其下创建一个新层，并用浅色填充它。

- 现在改善你的正形（和负形）形状，以增强视觉效果。负形空间应使你的正形空间清晰。

step 08

主导值

呈现角色有多种方法。有时以干净的方式传达设计元素就足够了。那么草图就可以实现。但是，一旦我们绘制了完整的插图，在情

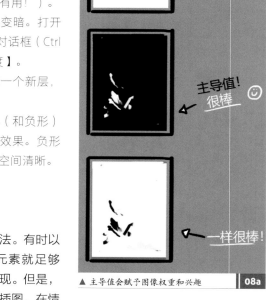

无聊 ☹

主导值！
很棒 ☺

一样很棒！

▲ 主导值会赋予图像权重和兴趣 **08a**

感上展示我们的角色，或从情感角度绘画肖像以吸引观众，我们就需要了解主导价值的概念。

什么是主导价值？图 08a 向我们展示了有史以来最无聊的绘画示例，该构图恰好是一半黑一半白。但是，如果转换黑白的关系会发生什么呢？现在在图像中有了权重，让我们引入一个中间值，并进一步移动其关系以发挥最大作用。

这对角色构成意味着什么？作为艺术家，你需要意识到，平衡事物是一种自然的趋势。但是，如果设计更前卫——如果图片明度值的分配有重点或者不平衡的话，那么设计将更有趣。如果图像具有明显的主导值，则可以大大增强图像。你可以选择中间值，白色或黑色！请始终记住：主导值的面积必须大于其他两个值的总和。

▲ 主导价值通过主导构图并确保自己成为焦点来帮助引导观众的视线。次要值在面积上不应相等　08b

step 09

边缘处理

让我们最后总结一下有关边缘处理的一些想法。你可以同时使用剪影和灯光来讲述故事。并非角色身体的所有部分都必须清晰可见。如果你正在使用某种设置来显示角色的插图，则可以选择悬念和氛围，例如将身体的某些部分隐藏在黑暗中（见图09a）。

或者，如果重点更多地放在展示可能的服装元素上，则设计的内

▲ 使用照明的例子
　09a

▲ 如果一切都浸在阴影中，将很难观看到服装的细节
　09b

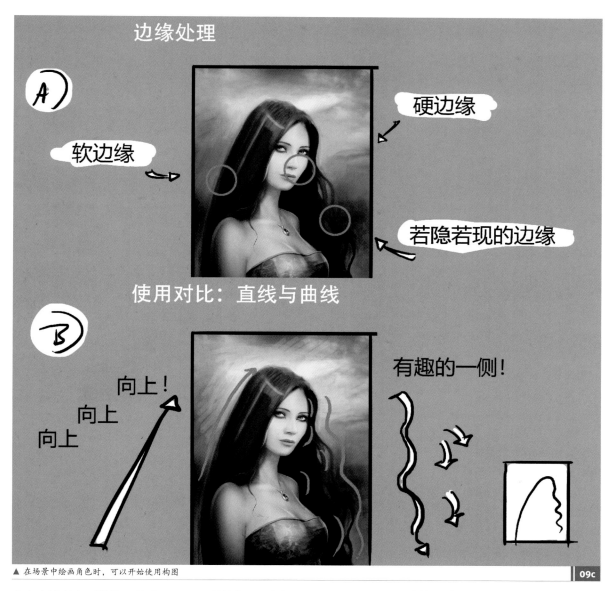

边缘处理

A

软边缘 →

硬边缘 ←

若隐若现的边缘 ←

使用对比：直线与曲线

B

向上！
向上
向上

有趣的一侧！

▲ 在场景中绘画角色时，可以开始使用构图

`09c`

容应光线明亮，以便于观看。

尝试找到气氛和技术清晰度的完美结合方式（见图 09b）。

"在构图中使用所有这些特质可以使艺术作品更具戏剧性。"

现在，回到边缘。有软边缘、硬边缘以及若隐若现的边缘。可以看到的线是锋利的，而若隐若现的线是柔和的或清晰度较低的；若隐若现的边缘可以在背景上创建更具 3D 效果的对象，因为角色看起来更像是场景的一部分，而不是被剪裁并粘贴在场景中。在构图中使用所有这些品质可以使艺术作品更具戏剧性。

图 09c 以一个快速人像作为直边缘和弯曲边缘之间的对比示例，展示如何在构图中产生对比。图像左侧保持简单，而右侧则包含了许多曲线和视觉趣味。使用这样的对比度来控制观众的感知速度。

★ 专业提示

翻转画布

要检查构图，请使用【翻转】命令。在长时间处理图像时，我们会以某种方式对图像视而不见，接受图像的外观而不会注意到错误。翻转画布并旋转它，以获得新的构图（从菜单中选择【编辑】>【变换】调出菜单）。

2.4 讲故事和渲染情绪

发现叙述弧和视觉线索

作者：贝尼塔·温克勒

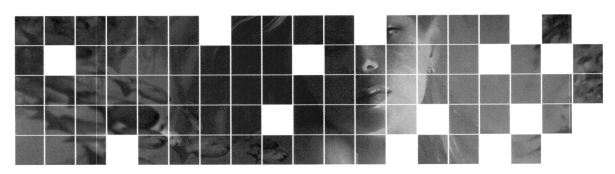

让我们从一个问题开始："故事"到底是什么？一个答案是，一个故事有一个开始，一个中场和一个结局。

例如，如果我们看虚构故事的叙事弧，会发现在开始时会介绍一个角色。我们将了解故事周围的环境以及角色所涉及的人。中场部分将以冒险、艰难险阻、曲折跌宕为特色，最后故事达到高潮。此后，曲线再次平滑地向下，故事结束了。

尽管视觉图像的媒介与文本的媒介有所不同，但我们仍同读者一样喜欢被引领着进行一场旅行。

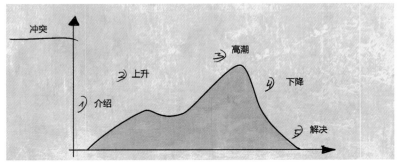

▲ 虚构故事的叙事弧

step 01
单帧图片的问题

要为插图绘制类似的兴奋曲线，需要做些什么？这是第一个挑战：我们只有一帧画面。如果你正在制作动画或电影，则有几个可用的帧，可以花一些时间介绍角色等（见图01a和01b）。但是，如何仅凭单张图像来增强张力呢？我们的作品需要精心制作。然后一个时间线效应将发生在观众的脑海中，因为他们跟随着我们的方向，并破译我们为他们安排的视觉线索。

step 02
引导视角

引导观众观看的一种有效方法是让其他人物朝特定方向观看。想象人们聚集在一起注视某些事物的日常情况——我们的反应是认为，如果有这么多人停下来看着它，一定很令人兴奋。大多数时候，我们至少会感到好奇。

例如，在图02a中，观众的眼睛跟随配角的视线方向。所有男孩的视线都汇聚在蜡烛发光的中心人物上，因此观众也将看向那里。

说到光源，人类与飞蛾并没有太大不同。我们喜欢好看的光源。光源不仅引起人们的兴趣，而且还可以引导视线（见图02b）。聚光

灯下的角色自然会引起我们的注意。你可以使光源可见，也可以忽略它，仅显示发光的角色。

需要我们注意的另一件事是运动。我们的角色应该栩栩如生且可信，因此，如果图像某些事物吸引了注意力，它们的外观也会一样。运动可能很难在图像中完成。但是，我们可以将角色集中在一个对象上。

step 03
地点和时间

人物？原因？地点？时间？这些都是讲故事中的重要问题。

为了直观地指示地点和时间，我们需要在图像中放置一些视觉提

▲ 接下来会发生什么？连环漫画可以显示故事"之前"和"之后"状态 **01b**

▲ 动画中使用了几帧 **01a**

▲ 视线方向是吸引人们观看事物的有效方式 **02a**

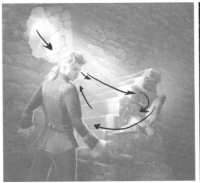

▲ 利用光线来引导视图。角色注视猫头鹰的运动 **02b**

▲ 位置起着重要的作用 **03a**

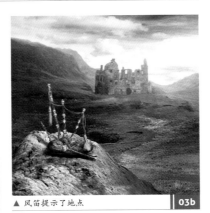

▲ 风笛提示了地点 **03b**

示，因为它们可以触发情感反应或让观众的脑海中产生一些想法。乍一看，效果可能会很微妙，但它会起作用。

你是否看过一个有白色沙滩和碧水的美丽海滩？想象一下：湛蓝的天空下，阳光照耀的棕榈树下光影斑驳。这让人们想到了假日和美好时光。如果将诸如此类的地点元素放置在图像中（并且做得很好），这些提示将有助于设定某种氛围。它们还可以引发冒险的念头；添加一个宝箱会让人联想到海盗（见图 03a）。

要显示角色的时代 / 年龄，只需将那个时期的元素添加到图像中即可。房子是什么样式？衣服是什么款式？选择一个时代最有说服力的元素，并将其放在背景中。某些关键元素还将有助于表明我们所处的国家，并且能够唤起观众脑海中的联想（见图 03b）。

▲ 定义一些色板或将调色板绘制成新图像　04a

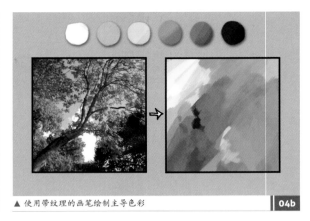

▲ 使用带纹理的画笔绘制主导色彩　04b

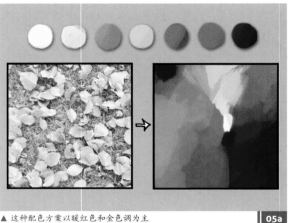

▲ 这种配色方案以暖红色和金色调为主　05a

▲ 柔和的调色板可以绘制大量的蓝色阴影　05b

"你可以通过赋予图像明确的主导值来极大地增强图像的情感走向。这可以是中间值，也可以是亮值或暗值。"

step 04
春夏的颜色

在为角色做出设计决策时，经常会忽略使用季节的影响。首先看一下春天：大自然回来了，又到了五彩斑斓的时刻！微妙的冷色调可以用作粉色，红色和树叶发芽的绿色的对比。心情是愉悦的！将角色放置在春天的场景中以传达积极的情感，展示花草树木的生长和晴朗的蓝天。

夏日，深蓝色的天空和温暖的空气中传达出完美的一天的感觉。一切看起来都是明亮、丰富和充满活力。

颜色鲜艳明亮，阴影浓烈。如果你在中午环顾四周，请注意光线会过强，它会冲刷走高光并投射出刺眼的影。

你可以从 Photoshop 的【拾色器】（或色轮）中直观地选择颜色，也可以从照片中收集颜色灵感，并从那里绘制调色板（见图 04a 和 04b）。你可以通过赋予图像明确的主导值来极大地增强图像的情感走向，这可以是中间值，也可以是亮值或暗值。

step 05
秋冬的颜色

秋天具有最美妙的金色和棕褐色色调，但是在糟糕的秋日也可以提供理想的条件来描绘阴暗的环境：多雾的街道，大雨，风无情地刮着伞和头发。你可以让角色抓住

外套的领子来抵御寒冷；或者，如果你想要一种俏皮的氛围，则可以用金色的树叶环绕着他。同时相应地调整服装，添加围巾或耳罩。

冬天的调色盘基本上由黑白、蓝灰色调组成。由于缺少大多数颜色，你只能用温暖的灯光抵御寒冷。主要的寒冷区域被红色的火花和室内温暖的灯光衬托得十分完美。探索室外 / 室内场景的可能性，如果进一步分析，冬天引起的氛围将显示出与危险有关的联系，同时也显示出神秘和奇妙的感觉。想想繁星点缀的夜晚和初雪纷飞的场景。

step 06
原型和符号元素

由于我们的图片缺乏时间线来

讲述故事，我们必须找到另一种传达想法的方式：使用符号和原型。

符号是代表事物特征的东西。例如，猫头鹰经常与智慧联系在一起；红玫瑰可以象征爱情。当使用符号时，你需要注意观众具有相同的文化背景，否则该想法可能不会被理解，或者更糟——被误解。

原型是一种普遍的符号，对跨时代和跨文化的人们都具有意义，几乎就像一个主题。原型人物的例子包括超级英雄、母亲角色和恶棍。如果想传达某种情感，可以利用原型图像。这样一来，整个故事就可以在单张图片中表现出来。

图 06a 带有符号和原型。楼梯通常用来暗示旅行。上升楼梯可以被看作是积极的和充满希望的；下降的楼梯可能是消极的或危险的。犄角通常与邪恶和神秘联系在一起，从而增强了角色逃离地下世界的主题。

图 06b 是一个携带罂粟的角色，象征着摩耳甫斯"睡梦之神"。森林、小路和水是梦中经常出现的原型。

step 07
使用调色板营造氛围

现在，来看一下暗黑角色的调色板，重点关注氛围。首先想到的是使用大量的黑色和蓝色，并保持单色配色方案，而不使用大量的颜色。分析暗部和亮部的分

▲ 一个从地下世界逃离出来的角色　　06a

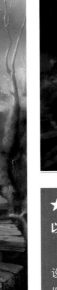

布，你会发现，与以深色值为主的图 07a 中的肖像相比，图 07c 中的肖像主要以浅色为主。此外，在图 07a 中使用了蓝色的配色方案：一种经典的组合以获得所需的效果。

但是，不必将所有内容都涂成黑色，而可以使用黑暗本身的概念。在图 07c 中，使用了温暖的配色方案，但是通过增强靠近她的脸部的阴影，融入了一个深色区域，该区域将引起人们的注意。天使般的元素，例如银色的头发和精美的皮肤，被深红色的阴影所抵消。她的眼睛是异族的黑色，这是另一个元素，告诉我们角色有些不同。

有趣的是，你可以通过使用通常被认为是温和友好的颜色（例如柔和的色彩，粉红色、金色和暖红色）来创作阴郁的氛围（见图 07d）。此外，图片不一定要全黑才能成功传达氛围。构图和面部表情同样也很重要，这是立即衬托氛围的关键元素。

step 08
光线和色彩

光源对于情绪和感知具有重要的作用。在高对比度的情况下在脸上使用单一光影可以表示神秘；如果用红色突出显示，则可以表示邪恶。颜色也会影响我们的情绪，这也使它成为一个出色的讲故事的道具。正如在步骤 04 中看到的那样，颜色会触发情感反应和内涵（另请参见【设置调色盘】，第 34 页）。让我们快速讨论自然法则，以便深入了解主题。

图 08a 为一个雪球被傍晚的温暖的橙色光源照射的示例。注意到阴影中蓝色的冷色调了吗？实际上是环境光源（天光）反射的光源。雪中的孔是受光很少的区域，既不

▲ 主导色是蓝色，这是深色色调的经典配色。冷红色用于对比 **07a**

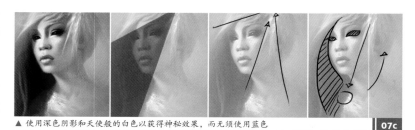

▲ 如预期的那样，蓝色的配色方案会导致图像中出现寒冷的氛围 **07b**

▲ 使用深色阴影和天使般的白色以获得神秘效果，而无须使用蓝色 **07c**

▲ 这种友好的配色方案具有温暖的色调，但仍保持单色的视觉感受 **07d**

阳光

天光

▲ 主要光源是太阳。环境光是天光，所以导致阴影中的颜色看起来是蓝色 **08a**

▲ 打开【色相/饱和度】对话框（Ctrl + U），将鱼从绿色更改为对比鲜明的绿松石色　　**08b**

▲ 有了新的冷色，鱼就形成了鲜明的对比　**08c**

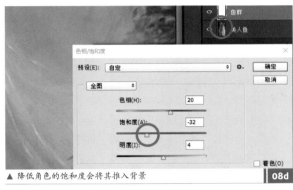

▲ 降低角色的饱和度会将其推入背景　**08d**

▲ 调整图层：1.单击图标；2.将其裁剪到要使用效果的图层上（Alt + Ctrl + G）　**08e**

接收来自太阳直射的光，也不接收来自天空的环境光。结果，它们看起来很暗。

　　在选择调色板之前，必须考虑光源来自何处。是自然光还是人造光？是上午还是下午？环境的颜色是什么？一旦了解了光源，我们就会对颜色及其色温有所了解。

　　但是，自然光并不是故事的结局。如果想要最理想的效果，我们可以稍微改变一下物理规律。图 08b 和 08c 显示了色温在设计中用作对比的元素。在图 08c 前景中的鱼和岩石上看不到照亮角色的金色光芒，这给角色增添些许空灵的感觉。将暖色的阴影与冷色的阴影进行对比也可以为设计增加很多视觉上的趣味。

　　图 08d（上一页）显示了如何更改前景色，还可以降低角色的饱和度以将其进一步推入背景。要找到好看的颜色组合，请使用【色相/饱和度】对话框或使用调整层（见

图 08e）。图像中元素的色调和饱和度的细微变化会改变图像的氛围，例如，从温暖诱人到寒冷诡异。

step 09
使用蒙版获得最终效果（part 1）

通过创建选择区域和蒙版，你可以隔离或修改图像的各个部分，从而可以轻松地改变效果而不必重新绘制区域。如果角色需要梦幻般的背景，请尝试使用模糊效果，这可能有些过头，但如果适当使用，则会产生一种微妙的空灵的感觉。

和我一样将工作区设置为【基本功能】，以便可以看到相同的面板。我们需要用同一层的两个副本以保存图像。一个层将被模糊处理然后使用蒙版，以使原始版本得以显示。首先，复制图层。如果文件有多个图层，请使用【编辑】>【合并拷贝】来获取图像的合并图层。将该图层放在图层堆栈（见图 09a）的顶部，或使用它创建一个新文档。

选择顶层后，单击【蒙版】图标（【蒙版缩览图】将出现在图像缩览图旁边的图层堆栈中；见图 09b）。选择任何画笔并大致绘出你不希望受模糊影响的区域（因为

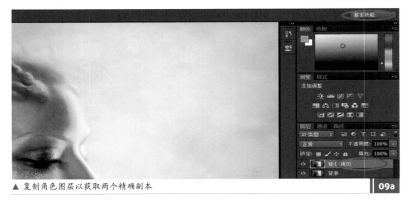
▲ 复制角色图层以获取两个精确副本　09a

尚未应用模糊，因此外观将相同）。蒙版缩略图以黑色显示绘制的区域，你只能绘画或擦除。黑色区域在蒙版中显示当前图层下面层的内容，白色区域则是显示当前层的内容（见图 09c）。灰色也可以使用，其表示半透明区域。

step 10
使用蒙版获得最终效果（part 2）

快速检查蒙版区域的范围，检查蒙版的覆盖范围是否符合要求。选择底层，按【Ctrl + I】键（【图像】>【调整】>【反相】）（见图 10a），这将反转该图层，使其看起来像负片。看到蒙版覆盖的区域了吗？重复命令将其反转。

接下来，我们将柔和过渡。双

蒙版图标
Mask icon
▲ 蒙版图标可创建图层蒙版　09b

画笔
拾色器
蒙版缩览图
▲ 拾色器显示你可以通过用绘制黑色或白色来更改蒙版　09c

▲ 反转命令可能非常有用　　10a

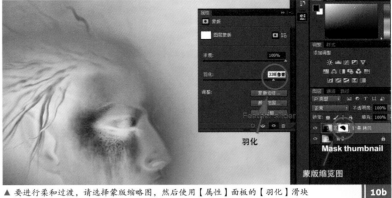

▲ 要进行柔和过渡，请选择蒙版缩略图，然后使用【属性】面板的【羽化】滑块　　10b

▲ 激活图像缩览图，然后模糊图层　　10c

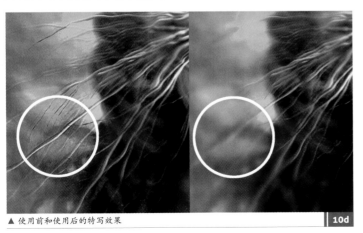

▲ 使用前和使用后的特写效果　　10d

击【蒙版缩略图】。在【属性】面板中拖动【羽化】滑块以使蒙版羽化（见图 10b）。要对图像应用模糊处理，请首先单击【蒙版】层的图像缩略图。从菜单栏中选择【滤镜】>【模糊】>【高斯模糊】，确定一个值，然后单击【确定】按钮（见图 10c）。要降低模糊效果，只需使用【图层】面板中的【不透明度】滑块，降低图层的不透明度，或者（使用更受控的方法）在蒙版上使用软边画笔绘制更多的黑色区域。请确保在尝试更改蒙版时激活了【蒙版缩览图】，否则将应用在你的图片上；这很容易发生！你可以在图 10d 中看到效果。

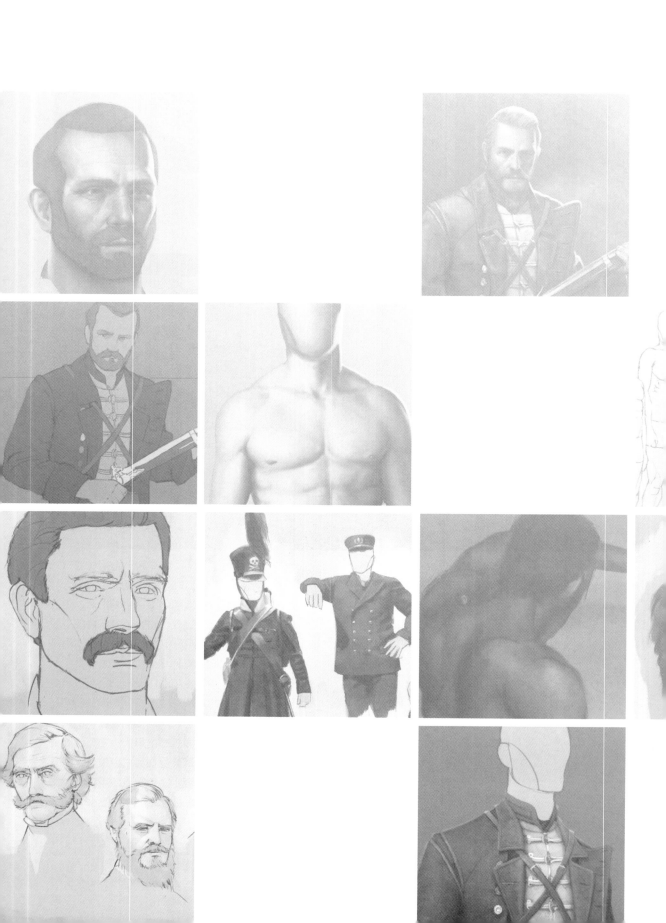

第 3 章　角色创建

了解如何使用 Photoshop 工具创建角色。

　　既然你已经发现了角色创建背后的关键工具和理论，现在就可以将它们付诸实践。Bram "Boco" Sels 将指导你完成完整的角色创作过程。Bram 将使用自己的角色创作来分解工作流程，解释他用于开发设计的每种设置、工具和技巧。从使用蒙版绘画皮肤和使用自定义画笔绘制毛发，到在场景中为角色添加背景纹理，你将学到多种绘画方法。

3.1 体型和皮肤

人物绘画和写实皮肤纹理的绘制

作者：Bram "Boco" Sels

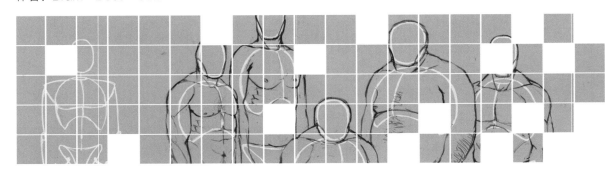

在本节中，将深入探讨如何为电子游戏创建一个 19 世纪的英雄人物。它是针对刚入门的概念艺术家以及希望提高技能的更有经验的概念艺术家而量身定制的。方法很简单：每一节都以一些有见地的理论开始，然后解释如何创建角色的一部分，所有这些都是为了在最后一节展示英雄的造型。只需要设计肖像或是服装？没问题，只需跳到各自的小节（第 86 和 102 页）并从那里开始。

通过遵循此分步教程，设计将变得更加灵活，你将能够快速完成同一主题的数千次迭代。不喜欢角色的头部？只需拧开螺丝，并用新的替换它即可。不确定他的胡子吗？我们还有其他库存供你选择！我们将详细地为你介绍绘制一个灵活易用的角色所需的所有基本知识，为你梦寐以求的 AAA 工作室的生产线做准备。

最重要的是，此部分充满了快速技巧，例如如何切换【画笔压力】按钮，如何创建自己的带纹理的画笔，如何使用免费的色轮调色板，如何通过应用【杂色】滤镜让角色

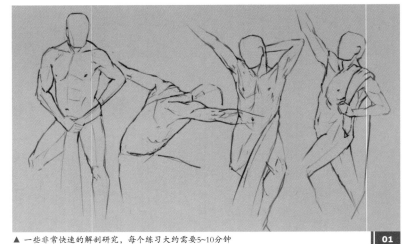

▲ 一些非常快速的解剖研究，每个练习大约需要5~10分钟 `01`

看起来更加真实，以及如何通过自定义的雾和粒子层来营造气氛。我已迫不及待想尝试了！

> "如果每天做一些练习，你的绘画技巧就会迅速提高。"

step 01
热身 1.0

当开始制作新的作品时，我总是先进行热身。很多初学者都倾向于跳过这一步。主要是因为他们觉得这很浪费时间，而且在史诗般的环境或角色中工作比做一些小的解

剖草图或透视研究时要酷得多。但是，出于两个重要原因，我认为这是绝对必要的步骤。

首先，如果每天进行一些练习，你的绘画技巧就会迅速提高，并且也会大大拓宽你的视野。它迫使你快速连续地绘画不同的主题，并在每次课程中学习一些新知识。其次，虽然在最后期限临近时热身似乎是在浪费时间，但良好的热身效果可以使你更快、更流畅地绘画，因此你会在接下来的一天中（甚至更多）重获这段时间。

▲ 大约30分钟的更长学习时间 `02`

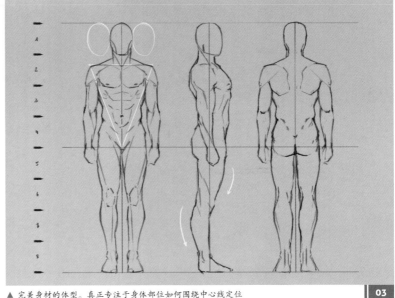

▲ 完美身材的体型。真正专注于身体部位如何围绕中心线定位 `03`

step 02
形体研究

每个艺术学校的学生都要上形体课，原因是人体经常是插图的主要焦点，很难掌握。我们一直在不断地观察并与其他人互动，所以当我们在画中看到人体时，我们的眼睛被训练成可以快速检测出不准确之处。好消息是，这只是练习的问题。

当你进行体形研究时，你会开始注意到光如何影响身体，肌肉如何连接以及透视和透视收缩如何影响我们对身体的观察。每天练习，你很快就会好起来。图02花了大约30分钟。

step 03
人体比例

当然，每个人的身体都不一样，但是在艺术界的主流理论认为，一切都从一个完美的基础开始：一个理想的身体，可以被修改以产生不同的身体类型。因此，遵循这一理论，首先要学习完美的身体是如何运作的。实现这一目标的方法有多种，

但其中最著名的一种方法由美国的安德鲁·鲁米斯所创，他是一位有影响力的插画家、艺术指导和作家。

这种方法的一部分是测量身体各部分之间的相对距离，以便获得正确的比例。例如，理想的身体由7~8个头组成，因此，绘制头部时，你可以快速测量脚的位置。胯部正

好在身体的中间，胸部和膝盖的底部分别在各自的中间，身体有三个头宽，肩膀和胯部应该在它们之间形成一个虚构的三角形。

step 04
假想英雄

到目前为止，我们唯一要做的就

★ **专业提示**
钢笔压力

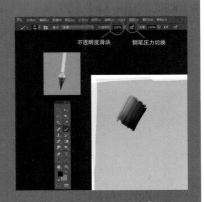

Photoshop CS6及更高版本配备了一些非常酷的新画笔，非常适合数字艺术家。这些画笔模仿实际画笔的工作方式，并带有一个小的弹出窗口，该窗口显示了画笔在Photoshop的画布上的效果。

倾斜你的画笔，你将得到一条平线；用力按，你将得到一条粗线。它可以进行精巧而又出色的线稿绘画，同时避免面对单调乏味的线条来工作。

另一个新的技巧是顶部【不透明度】滑块旁边的【钢笔压力】开

关。当你打开【钢笔压力】开关，并按下触控笔，画布上会随着你按压笔的力度从中流出相应量的"墨水"，这比使用【不透明度】滑块本身更直观。

▲ 使用【钢笔压力】切换按钮获得不透明度，可以更好地控制画笔

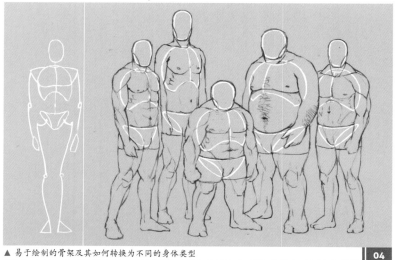

▲ 易于绘制的骨架及其如何转换为不同的身体类型

04

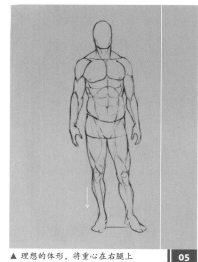

▲ 理想的体形，将重心在右腿上

05

是研究完美的人体形态及其如何将其转换为绘画，但是如果想要绘制的内容没有确切的参考呢？作为插图或概念艺术家，你应该可以随意绘制任何想象的东西，因此 1：1 复制参考将无济于事（除非你的地下室锁着一个留着胡须的矮人或外星人。）

艺术家经常需要绘制没有参考的物体，因此一个简单的方法是从看起来像人的外形开始，接着找到参考。"骨骼"易于绘制，无须大量工作即可移动和摆放，并可以使用（人类形体）作为参考在上面绘制任何想要的内容。例如，画一个肌肉发达的矮人，可将头部，

胸腔和臀部加宽，然后将它们拉得更近。

step 05
古希腊英雄

大约在公元前 500 年，希腊雕塑家通过研究理想的体形并制作了数百万个与其相似的雕塑，成为解剖学的大师。他们几乎总是将身体的重量放在一条腿上，从而使雕塑更具动感。将雕塑与图 03 中的人体模板进行比较，注意整体的肢体语言是如何变化的。仔细研究肌肉的分组方式以及重心如何稍微向左偏移。

"比例正确但颜色错误的身体看起来仍然可以，但是身体比例有问题则很快看出来结构不正确。"

step 06
关键光 / 轮廓光

起初，试图弄清楚如何照亮身体可能会感到困难和不知所措，但是，当你一步一步地去做的时候，它变得不那么可怕。一个很好的建议是从黑白开始。这样，你可以专注于黑白值，而不会因皮肤的色温而分心。比例正确但颜色错误的身体看起来仍然可以，但身体比例有

★ 专业提示
锁定透明像素

当你在创建角色时，蒙版是你应该首先要做的工作。基本上，它意味着你要绘制角色的剪影，并将其用作模板。

在线条下方创建一个图层作为蒙版，在图层面板的顶部你可以锁定透明像素，它将锁定该图层所有的空白像素（换句话说，在剪影之外的所有像素），现在当你绘制的时候不用考虑笔刷的大小，因为所有绘制的内容都整洁地留在蒙版里。

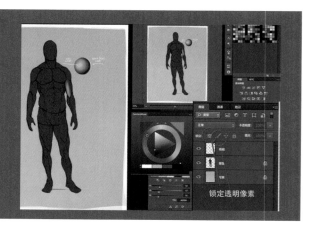

▲ 使用角色的剪影蒙版可以加快你的工作流程

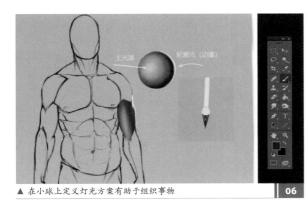

▲ 在小球上定义灯光方案有助于组织事物　06

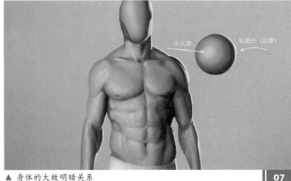

▲ 身体的大致明暗关系　07

问题则很快能看出来结构不正确。

　　另一个很棒的技巧是在开始绘制身体之前定义圆球上的照明方案。概念艺术中常见的照明方案是从前面打上一个关键光（主光源），从后面打上一个轮廓光（背景光）。在图06中，肌肉对光的反应与圆球几乎相同。

step 07
将身体看作整体

　　请记住，身体本身仍然是一个体积。将其视为一个巨大的圆柱体，并思考该巨大的圆柱体会对你在步骤06中定义的照明方案有何反应。然而照明的方案不足以定义身体上的每一块肌肉，你还应该记住每块肌肉在身体上的位置。如果它们位于（圆柱体）亮部的那一侧，则它们当然会比另一侧更亮。这在双臂的二头肌中最为明显，右臂二头肌在身体的明亮侧，几乎完全被照亮，而左臂二头肌则被突出的胸部阻挡了光线，隐藏在了胸部的阴影里。

step 08
高光、中间色和阴影

　　添加基本明暗值后，尝试定义配色方案。不同的光照条件对身体会有不同的影响，但在这项研究中，我们将光线的颜色保持中性，因此肤色也将保持中性。白种人肤色通常从紫色到深红色，再到黄色甚至绿色。

　　仔细观察一个人的皮肤，你会发现那里的信息比你预期的要多得多。不过，最好先定义一些常见的肤色，然后再从那里开始。我通常将笔刷的绘画模式（你可以在Photoshop顶部的【选项】栏中找到）更改为【颜色】，然后对整个身体进行颜色涂抹。在这种情况下是温暖的橙色棕褐色。

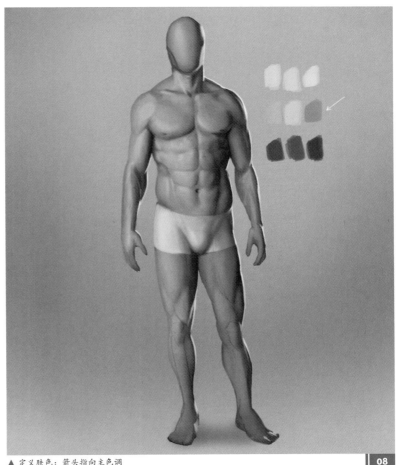

▲ 定义肤色；箭头指向主色调　08

step 09
颜色区域

皮肤往往有一个特定的主色调主导所有其他颜色的区域。一旦你熟悉了这些区域，就可以更容易地注意到它们，并最终预测该处的皮肤对光的反应。

当你移动到身体下方时，肤色会逐渐变得比胸部周围的肤色更偏紫红色，而胸部周围的肤色会偏黄色和橙色。尤其可以在手、膝盖和脚上看到它。这同样也会对阴影产生影响，在这些区域产生深紫色的阴影，并在胸部周围产生温暖的阴影。当绘制这些区域时，请寻找一些参考资料——它们确实会帮助你创建更真实可靠的角色！

step 10
精炼身体

本章的最后一步包括精炼和细化角色。尽管已经在前几步中定义了这些值，但是仍然应该继续使用它们——在这一点上没有任何变化。尽可能多地突出高光，尝试通过在较暗的部分和区域添加鲜艳的色彩来创建生动的阴影。偶尔退远看一看，以便稍后再重新观察它。它常常使你注意到错误并为你提供了新的视角。

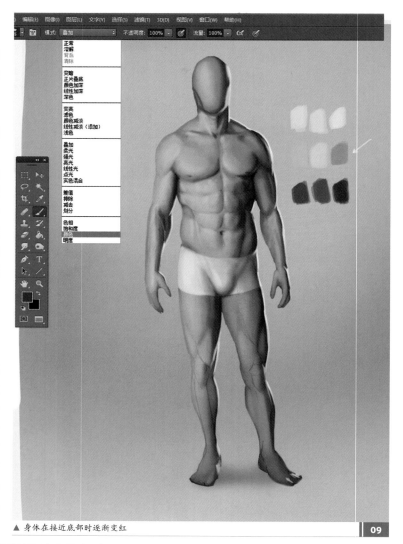

▲ 身体在接近底部时逐渐变红

09

★ 专业提示
杂色

Photoshop的内置【杂色】滤镜是一种为皮肤提供额外质感的好方法。创建一个新层，并用中性灰色填充（使用右图所示的RGB等级：R：125，G：125，B：125）。从菜单中选择【滤镜】>【杂色】>【添加杂色】，然后使用它来产生100%的单色杂色。现在从菜单中选择【编辑】>【变换】>【缩放】，然后拖动以将图层的大小加倍；这会给你带来很大的噪点。

从菜单中选择【滤镜】>【滤器库】>【画笔描边】>【喷溅】；然后单击【确定】，将【喷色半径】设置为

10，将【平滑度】设置为5。现在，从菜单中选择【滤镜】>【模糊】>【进一步模糊】，你将获得很真实的皮肤纹理。将图层的混合模式设置为【柔光】，将其不透明度设置为12%，你的皮肤会突然变得更有质感。

▲ 创建杂色层混合皮肤以获得额外的纹理

3.2　设计和刻画脸部

掌握创作逼真肖像的技巧

作者：Bram "Boco" Sels

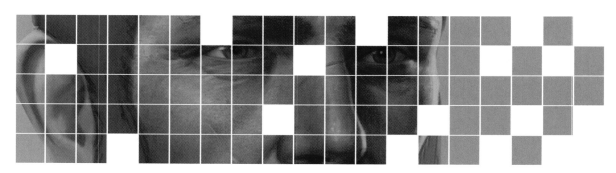

肖像画已经存在几个世纪了，在照相机发明之前，人们主要将其用作永生的手段，但是随着摄影的兴起，它失去了很多光环。原因是摄影可以更快、更便宜地达到相同的效果。

但是，随着概念艺术的发展，肖像画再次变得越来越流行——它可以将现有演员置于富有想象力的环境中，或创建现实生活中不存在但看起来很真实的角色，这些都可以做到。

要创建这样的角色，重要的是掌握创建逼真的肖像所需的技术。在本节中，你将学习头骨的基础，以及头骨如何改变光在脸部的分布；你将看到光线的方向如何显著地改变一个人的外观，以及面部由不同颜色区域组成的方式。你将从零开始学到如何绘制逼真的、富有想象力的面部所需的一切知识。

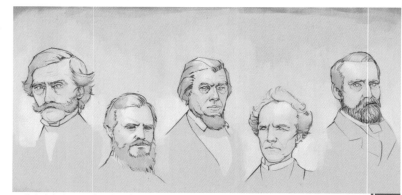

▲ 维基共享的五项头部研究，每项研究约需10分钟　01

▲ 研究我桌子上的头骨。在右侧，你可以看到如何将其简化为基本的原始形状　02

step 01

热身 2.0（经典版）

就像上一节一样，在开始新作品时进行热身很重要。

这次，我打开了维基共享空间，浏览了其巨大的图书馆。这很有趣，每次浏览不同时代和不同主题都会扩展你的内部参考图书馆。

最终，我偶然发现了一组20世纪初的绅士，并决定对其中的一些人进行研究。在进行此类研究时，需要考虑的是如何用眼睛定义一个人的性格。我也很喜欢那些胡须——我真希望我能够留那样的胡须！

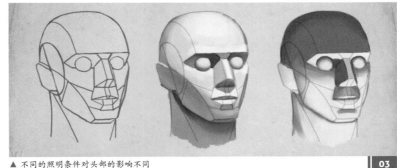

▲ 不同的照明条件对头部的影响不同　　03

step 02
头骨太酷了

把这句话记在本子上：你每年应该至少进行一次头骨研究。它不仅是一个很酷的主题，而且确实使你了解人的头部如何工作。例如，下颚如何与头骨的其他部分相连，以及眉毛和颧骨如何定义头部的形状。绘画时找一个解剖学上精准的头骨做参考是个好主意。

绘制头骨时，你会开始注意到它基本上是由几个简单的形状组成的：被切掉两侧的圆球，下巴从其突出成一个圆角正方形。理解这些简单的形状是绘画头部的重要条件。

step 03
照亮脸部

从上一步中的简单形状开始，你可以在它们的基础上构造其余的面部特征。首先要保持面部特征简单，这样照亮它们会容易得多。注意在图03中的鼻子如何从脸部突出，眼睛如何（显然）是圆的，应该以哪种方式被照亮。

图03右侧的两种基本的照明方案，在概念艺术中非常常见。第一个光线来自顶部，另一个光线来自下方。根据光线的来源，一些脸部块面会被照亮，而另一些会藏在阴影中。始终牢记脸部的块面是如何朝向光源的，直面光源的部分应

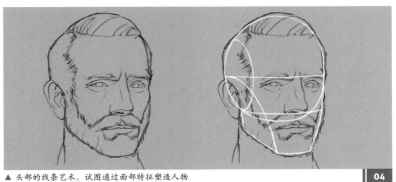

▲ 头部的线条艺术。试图通过面部特征塑造人物　　04

始终是最亮的。

step 04
建立自己的角色

受第01步中的热身启发，我想要创建一张看起来既老旧又粗狂的面孔，但仍显得时尚且类似于19世纪的风格。我想为一个虚构的电子游戏创造主角，并选择了白种人，胡须，英雄类型。

从上一步中的基本形状开始，一旦它们正确无误，我就在上面放了一层细节，在绘制细节的过程中有条理地擦除底图。在这一步中，真正了解面部特征的构造非常重要。看一下眼睛的眼睑是如何运作的。注意鼻子和嘴巴是如何被切割成两个立体的块面。

step 05
脸部蒙版

与身体一样，我在线条图下方创建了一个图层用作蒙版，其目的

▲ 创建蒙版，同时检查剪影　　05

是将所有颜色保留在蒙版内，并且使上面的线条不受影响。最终，这些线稿将被删除，并与下面的图层融合在一起。

创建一种单色蒙版还可以使你清楚地看到头部剪影。其中也有很多特征。例如，头发光滑而稀疏，并切入耳朵上方和额头两侧的剪影里。胡须和他的左眼窝也如此（见图05）。

"由于面部通常是图像的焦点，因此正确绘制面部特征非常重要。"

step 06
绘制大块面

保持与上一节中的身体相同的照明方案，将阴影遮挡了脸部的大部分。我将头发放在单独的一层上，以便以后可以集中精力刻画。与身体一样，我从黑白色调开始，专心致力于绘制正确的明度值。

这是真正了解面部如何被划分为平面的步骤，面向光源的平面将获得大部分光线，并且将是最亮的。你还会注意到，有些过渡会很尖锐（例如鼻子的前部），而另一些过渡会更平滑（例如前额）。

step 07
面部的细化

由于面部通常是图像的焦点，因此使面部特征恰到好处至关重要。若有偏差，将影响整个角色的准确性。养成不时翻转图像的习惯（【图像】>【图像旋转】>【水平翻转画布】），它将提供全新的视野，让你能够及时注意到错误（见图07a）。

在细化面部时，收集正确的参考也很重要。观察眼睛如何反射光源，鼻尖如何突出高光，抬头纹如何随着头骨的形状而变化等。请注意，本例的头部将具有较亮的一侧和较暗的一侧。面部特征被照亮的方式会根据不同的侧面而有所不同。

在绘制时，我基本上使用相同的基础圆形画笔和纹理画笔。使用不透明钢笔压力切换开关可以实现一些有趣的效果。我经常使用无缝纹理，也将其用作画笔中的纹理。它具有真实的纹理效果，可以很好地在皮肤上刻画毛孔和细节（见图07b）。

▲ 快速定位脸部明暗，同时牢记照明方案

06

★ 专业提示
色轮

色轮是由莱恩·怀特创建的Photoshop的免费插件（http://lenwhite.com/PaintersWheel/）。

它可执行你在Photoshop中直接执行的任何操作，它比标准的颜色选择器更易于使用，且可以将颜色分布在一个更合理的圆圈中。绘制皮肤时，这是一个非常有用的工具，如果你觉得角色的皮肤变得太暗淡，可通过色轮快速微管理你的颜色。

▲ 莱恩·怀特的色轮，一个免费且易于使用的Photoshop插件

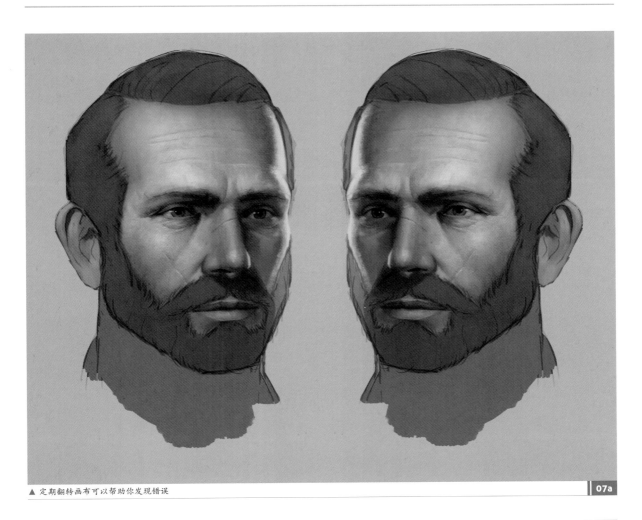

▲ 定期翻转画布可以帮助你发现错误

07a

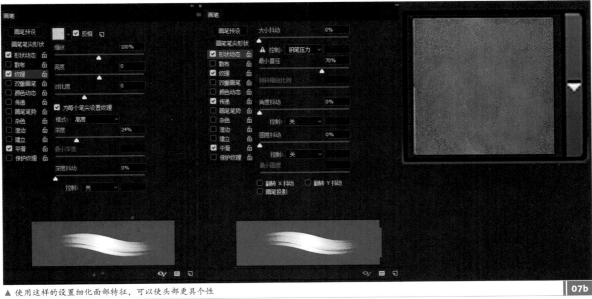

▲ 使用这样的设置细化面部特征，可以使头部更具个性

07b

step 08
脸部的颜色区域

考虑颜色时，可以将脸部分为不同的颜色区域。当然，这全都取决于灯光的颜色，但是对于像白种人这样的皮肤，当灯光为中性时，头部的顶部偏黄，中间的部分偏红，而底部的颜色偏蓝色或灰色。

对于男性面孔，尤其如此，因为他们的下巴周围往往留着胡须，而下巴具有非常明显的蓝/灰色调。这当然应该是微妙的，不应夸张，但是知道那里的颜色可以使你在观察参考照片时更容易看到它们。

★ 专业提示
柔光和叠加

【柔光】和【叠加】模式是增加其下方图像对比度的方式。使用它们的两种最常见的方法是在顶部创建一个新图层并更改其混合模式，或者直接在Photoshop窗口顶部的工具栏中更改笔刷的混合模式。后者避免了创建新层的麻烦，但是灵活性上稍差一些。

【柔光】和【叠加】之间的区别在于，【柔光】使用了【屏幕】和【乘法】混合的组合，而【叠加】则使用了【线性减淡】和【线性加深】的组合。两者都是提高对比度的有效方法（请参见步骤10），但是【叠加】是两者中比较强烈的变化，因此也就不那么细腻了。

> "你会在鼻尖和颧骨上方发现最强烈的红色。"

step 09
面部上色

给面部上色。在要绘画的皮

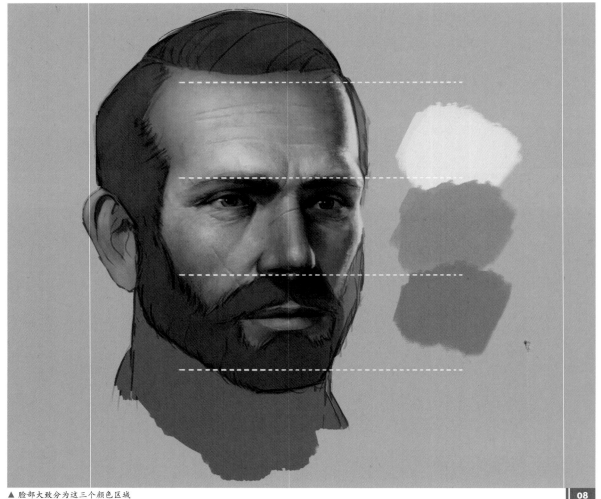

▲ 脸部大致分为这三个颜色区域

08

▲ 遮盖住想要在上面绘制颜色的皮肤区域

09a

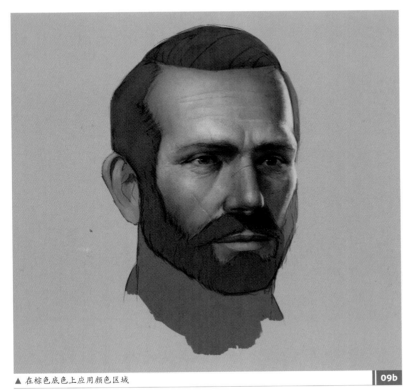

▲ 在棕色底色上应用颜色区域

09b

肤区域上创建了一个蒙版（见图09a）。然后，我开始使用与上一章中所使用的相同的颜色进行绘制。之后，我将画笔的绘画模式保留在【颜色】上，但将【不透明度】更改为25%。

一个一个地挑选了最终的颜色，并查看了它们各自的区域（见图09b）。再次在网上查找一些参考，并记下饱和度最高的颜色在脸上的位置。例如，你会在鼻尖和颧骨上方发现最强烈的红色。不过，不要过分夸张，否则你的角色看起来会不真实或像醉汉。

step 10
头部并不只是一个球形

没错，头部不像球形那样光滑有光泽。它覆盖着凹凸，粉刺和毛孔；特别是对于我的角色，我希望它比

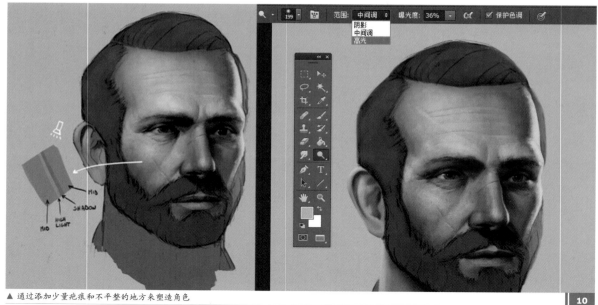

▲ 通过添加少量疤痕和不平整的地方来塑造角色

普通的乔穿得更破旧一点。

我在他的脸颊和鼻子上留下了一些疤痕，并使用纹理的画笔在皮肤上绘制了一些额外的杂点（请参见右侧的专业提示）。我花了一些时间使抬头纹变得突出，并刻画了眼睛，使它们看起来更生动。我还注意到，额头应该更亮一些，整体对比度可以提高，所以我也对这两处进行了调整。

要增加前额的对比度，请使用【减淡】工具，将其设置为【高光】。这是建立明度值并在皮肤上获得鲜艳颜色的好方法。疤痕和不平整处是在中间色调的细微变化，中间色调也具有阴影面和高光面。使用带纹理的画笔可以很好地与皮肤的其余部分融为一体。重要的是要在这里保持微妙的变化——对于较大的形状，例如前额、眼窝、鼻子和下巴，应保留最强烈的高光和阴影。

★ 专业提示

纹理画笔

在皮肤上获得额外纹理的另一种方法是使用纹理画笔，打开【画笔】面板，你将看到一个【纹理】选项，在此我使用了从水彩画中创建的纹理。湿纸的粗糙纹理上有一些有机的凸起，很适合人体皮肤。

但是，Photoshop中已经存在很多很棒且可用的预设，因此你可以很快地找到适合的预设。这项技术适用于任何画笔和主题，因此当你感觉画面缺少纹理时，这可能会对你有所帮助。

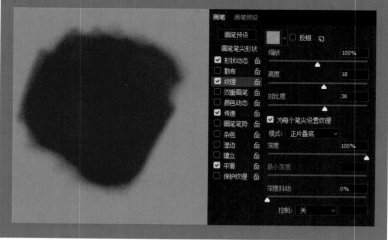

▲ 使用【画笔】面板中的【纹理】选项在皮肤上绘制一些额外的凸起

3.3 绘制头发

创建可快速绘制头发的画笔的技巧

作者：Bram "Boco" Sels

绘制头发似乎和画脸有很大不同，但是你很快就会发现比预估的有更多的相似之处。不过，有一个很大的区别，那就是头发不是静止的，因此很难预测其运动的位置和方式，且没有涉及解剖结构，因此你无法真正地将其与某些物体进行对比。你唯一知道的是它遵循重力法则，因此可能会以某种方式下垂。

我过去经常为绘制头发而挣扎。在我开始学习雕塑之前，我总是感到无所适从。看到古典雕塑家如何从大理石上凿出逼真的头发，真是令人大开眼界，它极大地改变了我绘画的方式。

我不再将发型视为单个头发的组合，而是开始将它们看作是相互编织在一起的立体形状。这不仅使头发更容易理解，而且突然变得很清楚应该如何给头发打光。

在这里，你将发现如何照亮那些固体形状，以及如何通过添加小斑点和头发来创建由数千根头发组成的发型的幻觉。你还将学习如何创建简单的画笔，以节省大量时间。

"仅发型本身就能真正帮助你定义角色的背景故事。"

step 01
热身 3.0（时尚版）

在热身期间，我复制了上一节中的线稿图，并尝试了一些新的发型，以扩大视野。这些发型都没有达到最终的效果（一语双关），但我认为尝试一下也未尝不可。

为了便于学习，我迅速绘制了图 01 中的发型。你会立即注意到头发的形状对角色的外观产生了多大的影响。

第二张肖像上锋利的发尖让你怀疑他是否是一个邪恶的幕后策划者，而最后一张角色的头发蓬松且

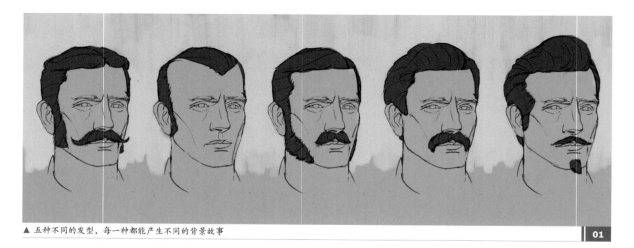

▲ 五种不同的发型，每一种都能产生不同的背景故事

01

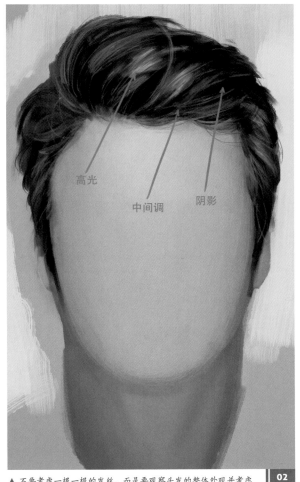

高光

中间调　阴影

▲ 不要考虑一根一根的发丝，而是要观察头发的整体外观并考虑 **02**
其对光的反应

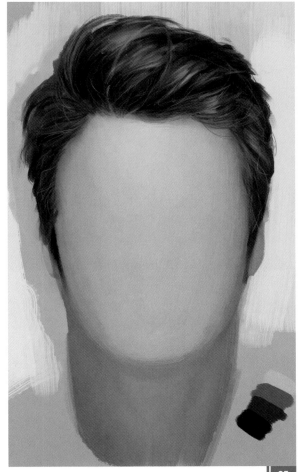

▲ 如果你确定明度值是正确的，那么给头发上色就不会那么困 **03**
难了

留着光滑的胡子让你觉得他是一个浪荡公子。仅发型本身就能真正帮助你定义角色的背景故事。

"想想你会如何在大理石上雕琢头发，并尝试在绘画中模仿它。"

step 02
头发的形状

初学者经常会错误地把头发看成是一束一束的，这样想就容易把每一根头发都绘制的一丝不苟，希望可以绘制出令人折服的发型。事实远非如此。头发以成绺的形式组成，而这些发绺是较大的形状，它们的光照方式与其他形状一样。

想想你会如何在大理石上雕琢头发，并尝试在绘画中模仿它。然后，你可以在头发上绘制一些单独的发丝，以给人一种它是由数千根头发组成的立体形状的错觉。

step 03
头发的颜色

绘制头发与绘制其他东西没有什么不同，在某种意义上，明度值比颜色更重要。如果你的发型在黑白调上看起来真实，那么画上颜色看起来也一样真实。如果明度值正确，你可以根据自己的喜好将头发染成紫

色，且可以认为它是设计的一部分。但是你可能无法摆脱糟糕的明度值。

在这项研究中，我采用了金黄色的发型，在查看了一些参考资料之后，我在右下角定义了色板，以供参考和帮助（见图03）。

快速提示：我建议你不要在阴影区域使用纯黑色，在高光处不要使用纯白色。即使是黑色，灰色或白色的头发也要含有一些微妙的颜色变化。

step 04
头发的蒙版

当你开始大面积的绘制时，将

如何创建头发画笔

确定要绘制头发的大块面后，你可以从添加所需的纹理开始。与其用一个画笔画一千次，更简单的方法是创建头发画笔。打开一个新的矩形文档，并在其中点缀一些或多或少均匀分布的点。这些点应该是黑白的，大小不同，并且具有不同的明度值。

从菜单中选择【编辑】>【定义画笔预设】，然后给你的画笔命名并单击【确定】按钮。现在，它将在画笔库中显示为可用的画笔。打开【画笔】（【窗口】>【画笔】）面板，你可以在其中选择全新的画笔。在【画笔笔尖形状】选项面板中，将【间距】更改为1%，你将拥有一个快速而令人信服的头发画笔。不过不要使用太多，最好在最后阶段切换回基础画笔，因为它们会得到更自然的结果。

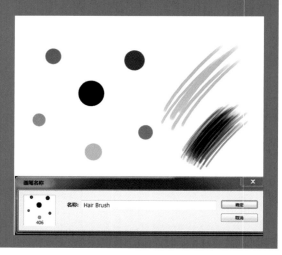

▲ 创建新的画笔是一种快速简便的填充大面积头发的方法

头发保留在单独的图层上是个好主意。通过在【图层】选项卡中选择【锁定透明像素】，可以使用大而柔软的画笔在两侧手动创建一些渐变。此技巧还可以将发型视为实心形状，而不是将很多单根头发组合在一起，因此也更容易将其整体着色。

例如，看一下鼻子下方和耳朵后面的阴影。现在大概画一下，我会记住以后要避免在这些部分中出现强烈的高亮颜色。但是，这样的工作有一个陷阱：我们创建的是发型而不是假发，因此还需要进行头部和头发之间的过渡。

可以进入【画笔调色板】来更改自定义的【头发】画笔的设置（请参见上面的提示），以获得所需的效果。

这里最重要的事情是将笔尖【间距】更改为1%并打开【形状动态】以获取钢笔压力。但是请关闭【大小抖动】，以保持头发的垂直与一致性（见图04）。在这里不应该使用散布、纹理和双重画笔模式，因为它们会使你的头发凌乱和混乱。

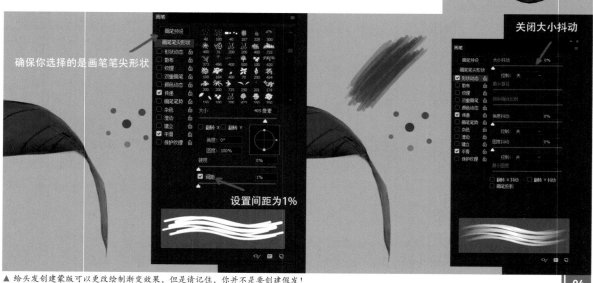

▲ 给头发创建蒙版可以更改绘制渐变效果，但是请记住，你并不是要创建假发！

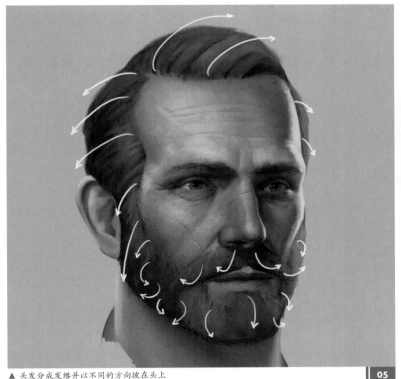

▲ 头发分成发绺并以不同的方向披在头上 **05**

▲ 更改画笔模式以进行绘制，在当前图层中使用【叠加】 **06a**

step 05
扭曲和旋转

头发主要是通过分割较大发绺的和改变其垂下的方式来定义的。设计发型时，最好考虑一下头发的旋转方向。在这种情况下，头顶上光滑的头发将被整齐地梳理到一边，两鬓和胡须交织在一起，从而变得更加粗犷且混乱（见图05）。这里胡须可能是一个例外，并且通常也会被整齐地梳理和塑造。

用笔触表明发绺的方向，尝试使用大画笔，避免被一缕一缕的头发所束缚。

step 06
把颜色作为一种表达

头发的颜色本身可以是一种表达。在这种情况下，我希望角色看起来更聪明一些，但不要太老，所以我决定给他一头开始变白的头发。对于胡须，我想给它一种花白的外观：温暖的深棕色与嘴部周围明亮的灰色和深棕色相结合。

你可以在当前图层中更改画笔本身的模式以【叠加】方式进行绘制，而无须创建新的【叠加】层（见图06a）。可以使用此技巧代替【减淡】工具来增强高光并获得一些新颜色。如前所述，即使在涂灰色的头发时，也应始终避免使用中性灰，最好选择暖灰色或冷灰色的色调变化（见图06b）。

使用不同的颜色有助于防止发型看起来暗淡并缺少新意，并通过给角色另一种边缘来略微增强角色造型。

"从暗部到亮部的工作非常重要。从深色底色开始，然后在此基础上打造角色的头发。"

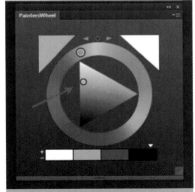

▲ 用灰白色给胡须上色 **06b**

不难想象，发束是如何彼此交叠在一起的，因此在Photoshop中以这种方式进行处理是一个好主意。为基础发型创建一个图层，并继续在其之上添加头发层。从暗部到亮部绘制头发时，还应该注意从模糊到清晰。

使用【涂抹】工具或从菜单中选择【滤镜】>【模糊】>【高斯模糊】，使最下层的头发模糊。这样可以减少杂乱，并给头发带来更多的发量。随着头发层次的增加，变得越来越清晰锋利，并在顶部添加一些额外的纵横交错的锐利的发丝。

▲ 一步一步分解头发的画法　　 07

step 07
从暗部到亮部

画头发时，从黑暗到明亮的工作很重要。首先从深色底色开始，然后在此基础上打造角色的头发（请参见上面的提示）。使用大画笔绘制形状和粗略值，然后看它如何开始组合发绺（见图07）。胡须有点不同，因为胡须非常杂乱，但是它背后的思路是相同的。

最后，每一种方式都要留一些头发，以免造成刻板和不切实际的头发。并且，如果你真的想使其变得生动，请将画笔的绘画模式设置为【叠加】，选择明亮的颜色，然后画一些特别闪亮的亮点。

step 08
控制亮部

时不时地缩小画面，看到整个的图像很重要。当你注意到的第一件事是单个的头发时，你可能做错了什么。

避免这种情况的技巧是选择一个大的软边画笔，将其绘画模式设

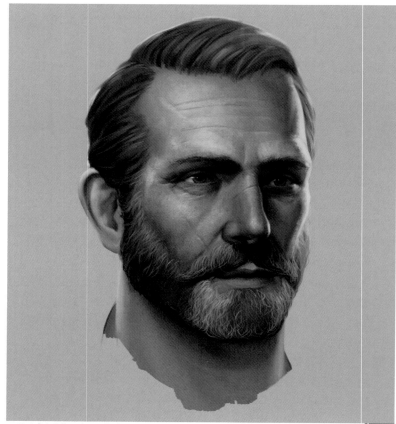

▲ 使用【变亮】和【变暗】作为绘画模式，并将它们组合在一起　　08

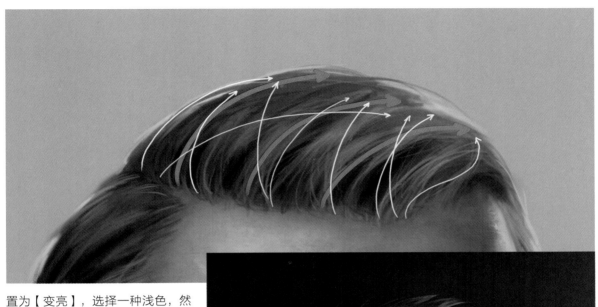

置为【变亮】，选择一种浅色，然后将其扫过朝向光的发绺部分。然后将绘画模式设置为【变暗】，同理在较暗的部分使用较暗的颜色。这确实可以将所有内容组合在一起。但是，不要过分使用这种技术，并请检查你的明暗值。

　　"没有完美的发型，总会有几根头发逆流而上。"

step 09
不完美中的完美

　　没有完美的发型，总会有几根头发逆流而上。那是一件好事；通过在发型顶部的一层中重新塑造这些叛逆的小头发，你可以让它看起来生动活泼且更真实。

　　查看图 09 顶部的箭头，看看红色箭头如何显示头发的大致方向，而白色箭头则显示不同的路线。这些小头发的阴影仍然与其他头发相同，但由于它们在其他方向移动，因此脱颖而出，使头发看起来更有趣。在某些情况下，甚至最好将其中的一些组合在一起以创建一个或两个大的叛逆的发绺。

▲ 如果有几根头发偏离路径，会发型将变得更有说服力　　**09**

使用参考！

关于一个"真正的"艺术家是否需要参考的老旧讨论是多余的。在历史长河中，数以百万计的艺术家都使用了参考资料，并且在此方面取得了巨大的成就。这不是你是否应该使用它的问题（你应该使用），而是你应该如何使用它的问题。

基本上有两种不同的方法：第一种是寻找参考（无论是拍照片还是去户外寻找）并精确地复制它。这是一种学习的好方法，它本身就是一种完整的艺术形式。

全球概念艺术家使用的第二种方法是从头开始创建某些东西，但从正确的资源中获取正确的信息。在本例中，我浏览了freetextures.3dtotal.com以获取头发参考（右处的第一张图像）。

请注意，该参考与我绘画的完全不同，但是其中仍然有很多有价值的信息要收集：头发的飘动方式，如何

突显出细小的头发，头发在头部周围的形状等等。绘画时，我会仔细观察大量的照片，从每张照片中准确地得到我需要的东西。

▲ 绘画时使用参考照片对你有好处——在其中可以找到很多有价值的信息

step 10

移动发际线

这时我觉得角色的发际线有点偏离，我希望他看起来稍微年轻一点，所以我决定将他的发际线向前移动并加入更多的棕色。使用【套索工具】选择头发，然后按【Ctrl + Shift + C】键"复制合并"和【Ctrl + V】键"粘贴"。现在整个发际线都在一个新层中，然后使用箭头键向前轻移。之后，只需要用软边画笔擦除边缘并在各处画一些新的头发使其与头部的其余部分相适应。

我在画笔上使用了【叠加】模式以提高面积并使胡须更饱满，同时将脸部左侧变亮，并在皮肤和胡须之间的过渡线上画上一些额外的细小粗糙的毛发。

这与你的直觉有关，让图像放置一会儿，然后再将其重新绘画。坚持下去，很快你的角色就可以出炉了。

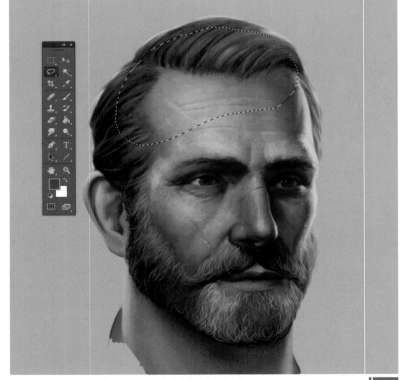

▲ 将发际线向前移动，并加入更多的棕色使角色看上去更年轻

10

3.4 设计服装

绘制不同的材质为你的角色创造 3D 的感觉

作者：Bram "Boco" Sels

一代又一代的人通过时尚来表达自己，这就是为什么概念艺术家可以极大地利用它来使自己受益的原因。当你看到某人的服装时，你会立即（甚至可能潜意识地）描绘出他是什么样的人。这是一种偏见，在现实生活中可能是错误和有伤害的，但在电影和游戏中却经常如此。

这其中有一个很好的理由：由于大多数电影和游戏的节奏都很快，因此你能够一眼就观察并判断他或她在故事中的角色。幕后的概念艺术家经过专业的训练来传达这些内容：他们的工作是创造能够证明自己的角色和环境，展示丰富的历史故事。在上一节中，了解了头发的形状可以帮助你做到这一点，赋予角色服装同样如此。

重要的是要记住，作为概念艺术家所做的每个决定都应为你通过设计传达的意图做出贡献。例如，如果你的角色是反派角色，给他棱角分明的深色衣服将有助于强化他的坏印象，使他看起来更加邪恶。

本节将带你了解给角色设计精彩的服装所需的一切，从如何绘画不同的材质到如何将这些材质转化为绘画到体积上，以实现生动逼真

蓝色童子军

德国骷髅骠骑兵

▲ 快速研究19世纪的服装

的 3D 角色。

step 01
热身 4.0（历史版）

这次是另一种热身，我决定继续前几节中的 19 世纪主题，因此我再次打开维基分享空间，这次是研究那个时期的服装。我想创建一个英雄，所以我看了很多军装，并对那些真正吸引我的服装做了一些研究（见图 01）。

我特别喜欢德国骷髅骠骑兵的

系带夹克，军官的夹克纽扣和蓝色童子军的交叉皮革带。我也看了当代的绘画。你的参考资料不能太多，因此我在参考资料库中创建了一个新文件夹，用于存放关于 19 世纪我能找到的所有内容。

step 02
不同的材质

当绘制服装时，你会遇到许多不同的材质。每种材质都有不同的颜色和纹理，并且对光的反应也不

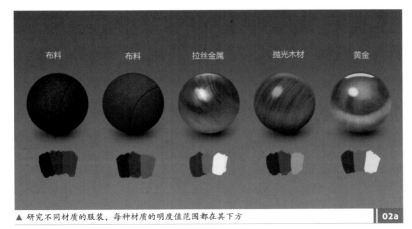

▲ 研究不同材质的服装，每种材质的明度值范围都在其下方　**02a**

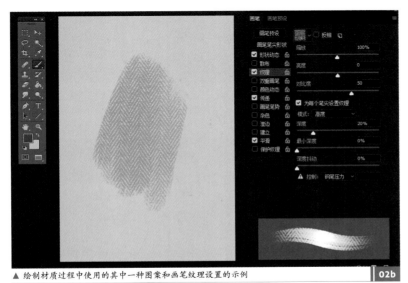

▲ 绘制材质过程中使用的其中一种图案和画笔纹理设置的示例　**02b**

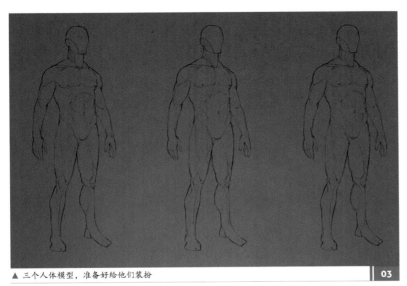

▲ 三个人体模型，准备好给他们装扮　**03**

同。在热身的同时，我注意到哪些材质将在装备中重现，并对它们进行了单独的研究。

在图 02a 中，你会注意到每种材质的明度值存在很大差异。我已将数值范围用黑色和白色分别写在各自的下方，你会很快会注意到，金属和金色等材质比布料反射的光要多得多。它们的高光更强，并且比几乎没有高光且阴影非常暗的布料更能清晰地反射周围的环境。每种材质的质地也不同：有些是粗糙的，有些是光滑的。

为了绘制不同的材质，我使用了与绘制面部完全相同的画笔。我不时地在纹理模式下更改了图案（见图 02b）。你可以在 www.cgtextures.com 等网站上找到精美的纹理。要创建新图案，可下载图像并在 Photoshop 中将其打开。然后从菜单中选择【编辑】>【定义图案】。为了获得平滑的灯光效果，请查看图 02a 中球边缘的光滑区域，我在球面的边缘使用了【减淡】和【加深】工具，并手动绘制了高光。

step 03
人体模特

就像时装设计师一样，从解剖学上的人体模特开始，将其想象成一个模型，按照自己喜欢的方式打扮它。它不应该太详细，因为它会被衣服覆盖，但是获得它很重要，如果基础不正确，之后很难纠正它，那么请确保基础是正确的。

最终，我复制了三个模型，可以设计三种完全不同的服装。这样可以保持开放的思维，尤其是在生产流水线中，它可以向客户展示一些选择方案，这总是比提出一个建议更安全。

step 04
足够的杀伤力

　　装扮角色是一件很有趣的事情。它使你的角色栩栩如生，并赋予其历史背景。他是从一个粗鲁的、毫不起眼的士兵开始的。他穿着系带夹克，裤子上布满污垢，但我很快觉得他需要一件长外套来提高自己的地位并使其变得更加英勇。在第二个角色中，我保留了系带夹克，并用一双有马刺的靴子，暗示他在某处有一匹马。

　　我画的最后一个角色有一件不同类型的外套。我给了他一把仪式用的剑来进一步提高他的地位（见图04）。

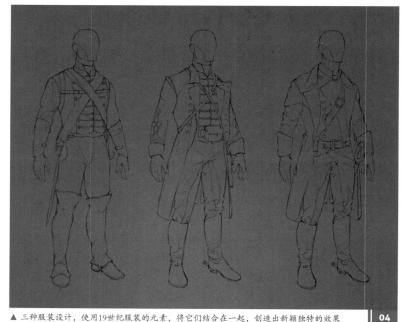

▲ 三种服装设计，使用19世纪服装的元素，将它们结合在一起，创造出新颖独特的效果　　**04**

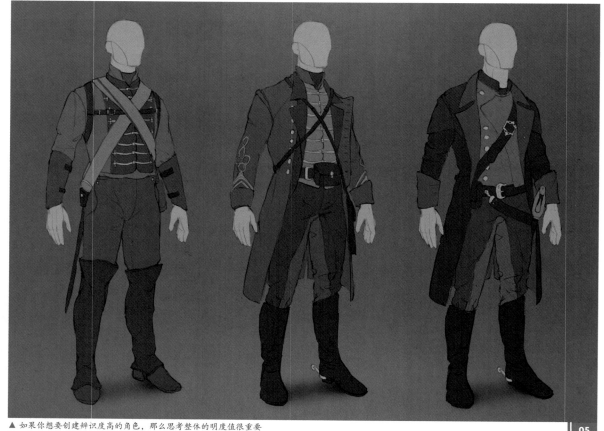

▲ 如果你想要创建辨识度高的角色，那么思考整体的明度值很重要　　**05**

step 05
赋予明度值

就明度值而言，设计服装有些不同。每个元素都有自己的取值范围，具体取决于其颜色和材质（请参见步骤02）。

尽管如此，所有这些元素都必须协同工作并支持角色。重要的是要牢记这一点，并考虑你要强调的内容和次要的内容。例如，注意在图05中，第一个角色和第二个角色的系带夹克之间存在差异。第一

个角色我选择用亮的系带系在一件深色夹克上。第二个，我用轻便的系带系在中档夹克上。结果，你可以看到第二个外套中的系带变得更加微妙，并且重点逐渐转移到外套上的纽扣上。

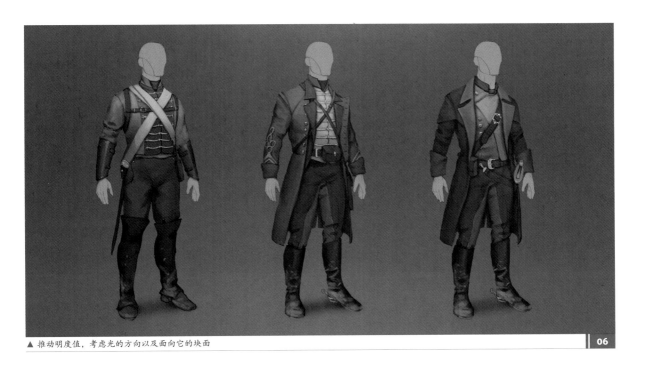

▲ 推动明度值，考虑光的方向以及面向它的块面　　06

★ 专业提示
使用直方图

直方图是跟踪明度值的好方法。你可以通过按【Ctrl+L】键进行查阅，这将为你选择的图层打开【色阶】的弹出窗口，或者你也可以通过从菜单中选择【窗口】>【直方图】打开直方图面板，它会显示整个图像的直方图。

直方图的作用是显示绘画中每个值的像素数。如图所示，你可以清楚地看到服装层的曲线向左倾斜，这意味着我的暗部比亮部多得多。请注意，没有像素意味着全是黑色（0），或是没有像素全是白色（255）。注意这一点很重要，因为纯黑和纯白可以使图像快速变平和变暗。

▲ 偶尔检查直方图可以使你的明度值保持平衡和活力

step 06
3D 效果

确定基本明度值后,你就可以再次考虑体积。该过程与上一章中有关绘制身体的小节(第80页)基本相同,但所不同的是,绘制的是不同的材料和褶皱,而不是绘制肌肉。

但处理方法几乎相同。把身体想象成一个圆柱体,考虑要在圆柱体的哪一侧进行绘画。在一个单独的窗口中打开参考也没有什么坏处。我几乎从不在没有它们的情况下进行绘制。

> "根据你要绘画的材质,高光和阴影可能会有所不同。"

step 07
想象一下

作为一名艺术家,要掌握的一项重要技能是能够形象地展现自己绘画的角色。可以将其视为一个3D对象,将它在脑海中转动,设想光线如何照射在它身上。这种情况下,关键光线仍然来自左前方,因此我在脑海中尽力想象我正在画的

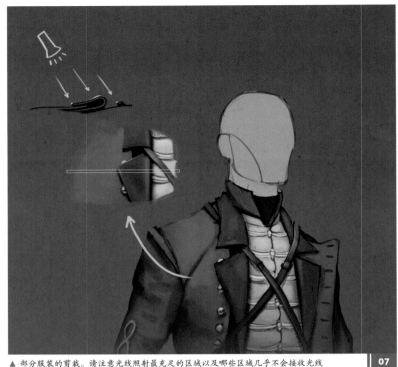

▲ 部分服装的剪裁。请注意光线照射最充足的区域以及哪些区域几乎不会接收光线 **07**

图形。

在图07中,我突出了直面光的区域,这些部分应该最亮的;阴影区域不能被光照到,因此自然会变暗。

这些高光和阴影会有所不同,具体取决于要绘画的材质。例如,

白色外套要比深色外套有更亮的明度值范围。

> "在黑白模式下工作时,你不必担心颜色过于饱和,因为加深和减淡区域是一种快速而简单的推动数值的方法。"

★ 专业提示
摄影纹理

Freetextures.3dtotal.com有大量免费的纹理集,你可以在绘画中使用它们。这些摄影纹理可以帮助你正确设置材质。只需寻找合适的纹理,将其粘贴到你的图层中,然后使用蒙版选择所需的部分(Ctrl+单击【图层】面板中图层的缩览图)。

如果将纹理层的混合模式更改为【柔光】或【叠加】并降低不透明度,则材质会立刻变得更加生动,这种情况下,微妙的效果是关键,纹理应增强绘画效果,而不是作为替代品或将其作为简单的出路。

▲ 摄影纹理可以使你角色的衣服真正焕发活力

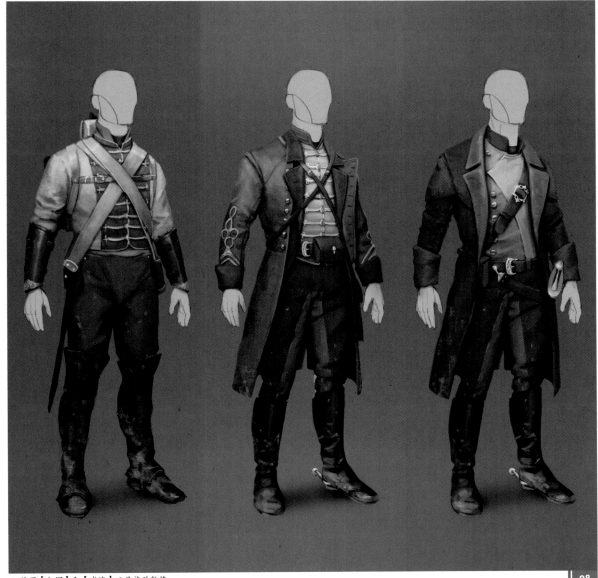

step 08
推动数值

进一步推动明度值的一种好方法（使暗部更暗，使亮部更亮）是使用【加深】和【减淡】工具来创建清晰的分隔值。在黑白模式下工作时，你不必担心颜色会过饱和，因为加深和减淡区域是一种快速而简单的推动数值的方法。

你可以使用【加深】工具（请参阅第209页的术语表）选择软边画笔在服装的每个重叠部分上绘制，以创建令人信服的遮挡阴影，并且可以使用【减淡】工具将高光推到你真正想要它们突出和发光的位置。有关遮挡阴影的更多信息，请参阅术语表（第214页）。

请记住，这些工具太过危险了，你可能会很快扭曲它们的值，导致图像不真实且扁平。微妙是这里的关键：请记住，每种材料都有其数值范围！

step 09
用历史颜色着色

服装的颜色在整个历史的长河中发生了很大变化，因此研究适合你设计的颜色确实可以使你的角色可信。想想90年代人们的着装风格，并尝试用这些颜色描绘中世纪的军阀。不太管用，是吧？

以我的 19 世纪的英雄为例，我注意到那段时期经常出现的颜色是藏青色、赭色和酒红色。因此，记住这些颜色并使用画笔的【颜色】模式，迅速对较大的元素进行上色并尝试了一些不同的组合。之后，我用常规画笔给了它们又绘制一轮的细节。

step 10
我们有一个优胜者

过了一会儿，我确定了三个角色中的第二个。我觉得他的双层外套和系带夹克是最好结合，我喜欢双色裤子和有污渍的靴子。我对皮带不太确定，在第三个的设计中感觉比较好，所以我复制了这部分并将其粘贴到优胜者身上。最后，我给服装进行了新一轮的细节处理和润色，直到觉得准备就绪为止（见图 10）。

★ 专业提示
颜色杂色

如果你近距离看大多数照片，就会发现它们都存在细微的颜色差异。在本书的第一章中，介绍了为皮肤创建杂色大致相同的技巧，你可以自己创建那种很棒的摄影杂色。

这些颜色污渍将使图片统一化，并使底色充满活力。按照第84页上的提示步骤进行操作，但请确保取消勾选【杂色】弹出窗口中的【单色】复选框；从菜单中选择【滤镜】>【模糊】>【高斯模糊】并使用92像素，而不是【进一步模糊】。这样，你将获得漂亮的模糊大块色彩，可以将其融合到绘画上。在这种情况下，6%的不透明度应该可以起到作用——你不能过度使用它。

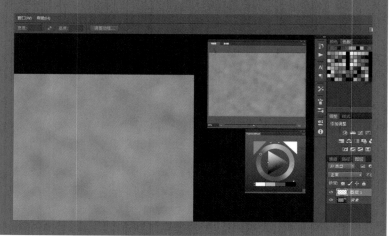

▲ 模糊的颜色杂色使图片统一，并使底色充满活力

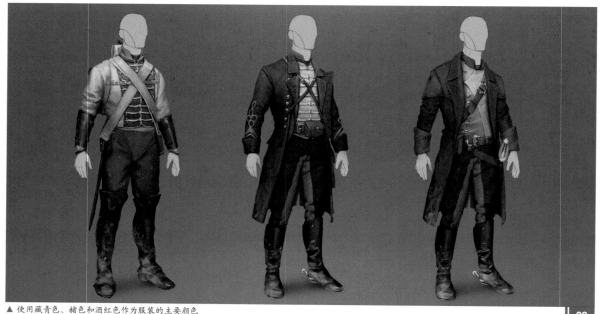

▲ 使用藏青色、赭色和酒红色作为服装的主要颜色

09

3.5 造型和背景

学习给角色摆造型并添加后期制作效果

作者：Bram "Boco" Sels

最后的造型通常只是用于表达目的。你已经确定了角色的外观，并为服装做好了准备，换句话说，一切都准备好投入生产并最终在游戏世界开始新的生活。然而在游戏世界中，很多工作室还是喜欢为角色画上很好的气氛阴影，它结合了所有元素，并为角色提供了很好的形象以供推广使用。与前几章类似的初步草图和设计的内容对于 3D 艺术家的后续制作很有帮助，但不能用于市场营销。因此最后一步是：完美的英雄造型。

这里的主要区别在于把更多的重点放在如何照亮场景以及希望传达什么样的情绪上，换句话说，角色几乎被周围的环境所吞噬。本节将教你如何创建雾和粒子效果来做到这点。通过巧妙地运用灯光和颜色，你将快速学习如何营造出角色身处某个地方的错觉。

▲ 中间贯穿动态线的快速造型学习　　`01`

step 01
热身 5.0（速成）

一个很好的热身运动是做一些造型研究。查看一些参考照片，并尝试以尽可能简练的线条快速地锁定造型。这些造型线是获得易于识别姿势所需的最低限度。而且，如果你决定将其进一步扩展，那么从那时起添加的所有内容都应服从这些简单的动态参考线条。

还要注意，只有一条线是绝对的主导线，那就是动态线。它直接穿过躯干，是使姿势产生动感的原因（见图 01）。这里要记住的一件事是，如果你要创建动态的东西，那么动态线应该始终是一条曲线。

曲线代表运动和力量，而直线则很容易显得静止且乏味。

step 02
模特动作

与上一节一样，我的每一个角色绘画都是从基础人体模型开始，然后进行细节处理。

当我刚开始时，我经常会犯一个错误，即在这个阶段快速又马虎，结果导致大量的辛酸血泪和废弃的

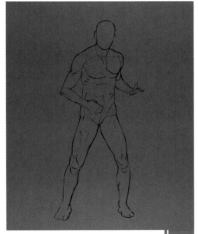

▲ 为我的角色打下基础：膝盖轻微弯曲，双手准备握住步枪 `02`

"你不能在扭曲的地基上盖房子。如果你的模特没有正确的人体结构，最终结果也将是一样。"

插图（现在，它们仍然在我的硬盘上，这太可怕了）。你不能在扭曲的地基上盖房子，如果你的人体模型结构错误，最终结果也将是一样。这听起来很明显，但这仍然是我看到的最常见的错误之一，如果赶时间的话，我仍然会犯错。没有理由不认真准备。

step 03
转换设计

人体模型准备好后，你就可以开始装扮它了。由于你已经在前几节中确定了肖像、发型和服装，因此几乎不需要进行设计，所以只需将其准确地转换到角色造型上即可。寻找可以帮助你解决困难部分的参考，例如有皱纹、武器和手的地方。

观察衣服如何在膝盖和肩膀上产生褶皱，并尝试在自己的绘画中模仿这些褶皱。一旦你满意后，请复制图层并隐藏原始图层。拥有备份永远不会受损。

▲ 模特装扮起来，准备行动 `03`

★ 专业提示
画雾

体积雾是一种自然现象，许多概念艺术家都使用它在绘画中产生深度。通过在角色的前面和后面放置一些东西，可以使他或她成为环境的一部分。你可以创建自定义的云和雾画笔来使用。

请记住，雾的产生是有机的，以至于不可能会有相似的雾，通过使用预先制作的画笔，你必然会得到这样的副本。你可以通过使用云画笔快速绘制雾，然后再使用常规的软边圆形画笔擦除并涂抹重复的边缘来解决该问题。

▲ 体积雾使环境淹没角色

▲ 大部分身体部位都可以看作是圆柱体，因此更容易应用透视规则　**04**

▲ 将所有内容分别放在单独的图层上　**05**

step 04
透视

　　初学者经常忘记的一点是：角色也必须遵守透视规则。即使你可能看不到明显的直线向消失点移动，也不意味着透视不适用。

　　将每个身体部位都视为圆柱体，并尝试找出其方向。在一个单独的图层上绘制一条水平线是个好主意，因为它可以帮助你将形状放入有透视图的背景中。在本例中，最明显的圆柱体在靴子上，观察它们在水平线以下的透视（见图04），这意味着我们看到了它们的顶部。知道这一点将帮助我们直观地计算靴子在腿部的外观。

　　将图层拖放到【图层】面板底部

的【创建新图层】按钮上可快速生成重复的图层并将备份隐藏在新图层的下面。保留备份图层是一个好主意，此后如果有需要，你可以随时返回。

step 05
最后的蒙版

　　对于最终图像，我决定将服装的每个元素都在单独的图层上创建蒙版：西装背心、皮肤、大衣、裤子、夹克、像步枪和靴子之类这样"废旧物品"（见图05）。将元素放在不同的图层可让你自由流畅地在各个的图层上进行绘制，并且你可以快速使用【加深】工具使不同衣服之间的过渡变暗，而不会影响上面图层的内容。

　　我决定要创建一个戏剧性的逆光场景，因此，作为实现这一点的第一步是，在层堆栈上方的灯光层是一个【叠加】层，它可以使图像顶部变亮。

step 06
细化脸部

　　我之前经常遇到的一个陷阱是，把脸部与身体的其他部分都详细地画出来，在眼睛的位置，鼻尖和嘴巴的线条上做记号，而无须担心其余部分。这样一来，许多微妙的信息就消失了，而之后需要补足这些缝隙。我觉得最好放大一点图像并提前画好肖像。当你记住特定的面孔时，操作更易于管理，而且以后可以节省很多时间。

★ 专业提示

颜色调整

从菜单中选择【图像】>【调整】可以直接调整图层，也可以通过调整图层进行调整，你可以在【图层】面板的上方找到【调整】面板。使用调整图层会创建另一个图层，该图层会使你的文件混乱，但是从积极意义上看，你可以将其打开或关闭。这意味着你以后可以随时更改设置。颜色调整层使你可以尝试进行颜色和色调调整，而无须永久修改/更改图像中的像素。在这种情况下，我使用了【色彩平衡】层使整个图像连贯。你可以在此处的图像中看到的颜色选项将现有像素值范围映射到了新的值范围，这有助于保持颜色变化的统一性。色

彩平衡也可以是在阴影和高光中获得一些额外颜色的好方法。

▲ 规划肖像的面部特征

06

step 07
改变光源

我想要创造更具戏剧性的环境，并且充满紧张的氛围，因此我不得不更改光照计划。为了获得这种戏剧性的氛围，我增强了背景光源，并移动了一些雾使得他与背景断开联系。

为了画雾的效果，我用云的照片/纹理创建了画笔。打开一张云的照片（可以是自己拍摄的照片或是在免费的贴图网获得的照片），接着使用【套索】工具，选择要从中制作画笔的图像区域。右击所选内容并选择【羽化】，更改羽化半径为 20 像素，这将使边缘模糊，然后复制并粘贴到一个新的文档上。

现在要给云去色：从菜单中选择【图像】>【调整】>【去色】（Shift+Ctrl+U）。添加一个【色阶】调整层，移动滑块直到出现黑色背景。接下来添加一个【反相】调整层（从菜单中选择【图层 > 新调整层 > 反相】）你将会得到轮廓分明的云层，选择【编辑】>【定义画笔预设】，接下来就可以使用画笔了。

返回到角色，我锁定了明度值，仔细观察前几节的图片，使最后的插图尽可能一致。你可能会直接复制之前设计的部件，但我觉得还是从头开始再画一遍比较好。这样会更正确，同时你可以更好地控制你自己的工作。

step 08
提示戏剧性音乐

如果你要创造一个这样的氛围，重要的是要考虑配色方案。我知道我希望它是寒冷和黑暗的，为了获得紧张的气氛，所以第一件事是将背景调暗然后把色调定为蓝色。我也开始用局部颜色（中性光

▲ 增加背景光源的强度后，角色的明度值也发生了变化

07

★ 专业提示
粒子

添加粒子是另一种让环境变得有生气的绝佳方法。无论是下雪、下雨、余烬还是灰尘都可以让你"品尝"大气的味道。我使用破旧的砖墙的纹理照片，并将其放在图层堆栈的顶部，将混合模式设置为【颜色减淡】。降低不透明度，并擦除了那些觉得挡住更重要元素的粒子。擦除后仅保留了大约20%的粒子，这个数量正好保持其微妙的效果。

▲ 从一张破旧的砖墙照片中创建的灰尘纹理

下的颜色）调整角色的每个部分。需要注意的是，在彩色灯光下颜色会发生变化，但我希望在担心灯光的颜色之前，先使角色的固有颜色尽可能接近原始设计。

"一些刚起步的艺术家可能会倾向于在此时放置调整层，并称到此结束，但这只是开始。如果你花些时间返回并手动修饰新的颜色，你的光会将变得更加准确。"

step 09
使角色站在地面上

为了使你的角色真实可信，重要的一点是让他确实站在某个地方。一个很好的方法是创建一个平台并给他投射阴影。对于地平面，我使用了鹅卵石路面的自由纹理，并从菜单中选择【编辑】>【变换】>【透视】将其变形到地平线上。

阴影是在其上面创建了一个【正片叠底】层（请参见第21页）。最后，我在角色前面添加了一些雾气，以营造一种幻觉，因为他不仅仅是一个剪切画，而是一个站在雾中的真实的人（见图09）。

step 10
推动氛围

此时，由于局部颜色的原因，角色仍然感觉混乱。感觉氛围和光线对他都没有任何影响，并且完全用另一种类型的光源来照亮他，使得角色与周围环境脱节，因此需要做的就是观察不同的局部色彩并计算出它们在蓝色光源下的颜色。

蓝色的外套将变得更有活力，底层的红色将与蓝色的光混合并变成紫色，而黄色和白色的颜色将变得更冷。一些刚起步的艺术家可能

▲ 创建平面并投射阴影可以使你的角色真正站在地面上

会倾向于在此放置调整层，并称到此结束，但这只是开始。如果你花时间返回并手动修饰新的颜色，你的光将变得更加准确。如图10所示，展示了最终版本。

第4章　创意工作流程

通过研究顶级艺术家的创作过程，学习如何在 Photoshop 中创建不同风格的角色。

有了像 Photoshop 一样功能强大且用途广泛的软件，可以使用许多不同的绘画方法和技巧，因此许多艺术家都采用了签名和独特的风格。作为数字艺术家成长的一部分，要不断打磨自己的风格，随着时间的推移，你很快就会完善自己的技术。为了帮助你塑造自己的风格，我们精选了一批才华横溢的艺术家，分享他们在数字绘画人物画方面的丰富经验，以指导你完成创意工作流程。从最初的想法到技术过程，每位艺术家都将与你讨论完整的创作过程——从最初的想法到技术过程——并分享他们的工具、方法、技巧和秘籍，这将鼓励你找到自己的风格。

4.1 沙漠侦查员

创造一个在沙漠中生活的进化人类

作者：德里克·斯坦宁

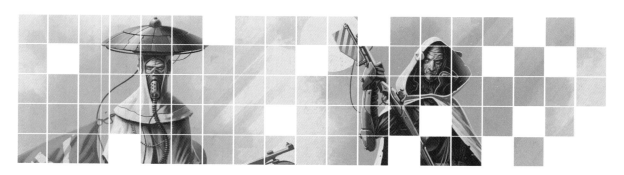

在本节中，将详细介绍我通常为客户创建角色设计所采取的流程。

此设计的任务是创造一个适应于沙漠环境中的进化人类角色。设计简介非常严格，因为即使角色已经进化，角色也必须保持人类的特征，如有两只手臂、两条腿等等。这意味着进化的变化不会太剧烈，但它们（连同装备和服装元素）将帮助角色应对沙漠环境。

为了保证这些不断进化变革的需求，我们将不会使用任何高科技解决方案来应对沙漠环境带来的挑战，而将其保持在较低的技术水平。

重要的是注意简要介绍场景和背景故事。当设计任务没有指明场景方面的内容时，我通常会自己编一个，因为这是制定设计决策的一个重要因素：这个角色在沙漠中做什么？

我完成这项任务的过程没有什么不同。我想象角色是某种侦察兵，也许他的任务是在他所属的社会或团体的广袤沙漠边缘地区巡逻。这项任务将要求他独自在沙漠中度过很长的时间。即使他的同类已经进化到能够更好地应对这种环境，但侦察员仍必须具备执行他的任务的能力。

step 01
性格与环境研究

我总是从对主题的一点了解开始展开设计。我不是研究物种进化的专家，也不是沙漠环境的专家，因此花一点时间来学习有关此任务的主要元素可能会在我为该角色选择设计时提供很多信息。

我仔细研究了侦察员在沙漠环境中生活所需要面对的挑战。

其主要问题是极端的温度（白天炎热，晚上寒冷）和缺水。要解决温度问题，我必须在设计中为角色寻找一种阻挡或消散热量的方法。我还必须为角色找到一个可以保留或获取水的方法。沙漠是一个恶劣的环境，因此必须在设计中体现出来。我记下了所有笔记，并将它们收集在思维图上以进行快速参考（见图01）。

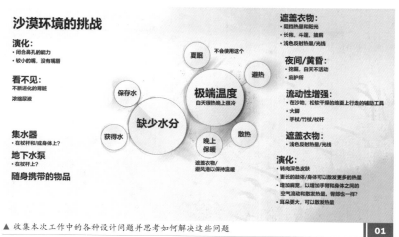

▲ 收集本次工作中的各种设计问题并思考如何解决这些问题　**01**

▲ 参考是激发灵感的好方法　**02**

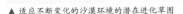

额头:
大额头可保护眼睛

眼睛:
大额头和深眼圈有助于保护眼睛免受强光照射
瞬膜可保护眼睛并保持水分

身体:
细长的身体允许较少的热量保留,
宽肩可以增加身体之间的空气流通

耳朵:
扩大耳朵可以让热量从身体中散发出来

嘴:
较小的嘴,很少或没有嘴唇有助于保持水分

鼻子:
鼻孔可以闭合的扁平鼻子有助
于减少水分蒸发并防止水分流失

色素:
深色的皮肤色素有助于防止高紫外线辐
射。在这里,为了视觉上的效果,我将
较暗的色素区域打散以产生褐色和斑点
效果

▲ 适应不断变化的沙漠环境的潜在进化草图　　　　　　　　　　　　　**03**

step 02
参考图的收集

在花了一些时间思考设计之后,我花了更多的时间来收集可以激发灵感或提供新想法的图片。参考资料有助于扩展你对特定构思的想法,因此我搜索了我认为与任务相关的主题。并且收集了一些令我印象深刻的图片,或包含似乎能解决设计概念一部分问题的图片,然后将它们放在参考表中(见图02)。

我限制了做这件事的时间,因为我可以一直在搜索参考图。我只是在寻找有助于设计的一点片段或元素,而不是寻找完美的图像。

"保持角色身体的瘦长纤细。因为这样可以减少热量的保持并增加散热量。"

step 03
深入研究

简介指出角色必须保持人性的特征,因此设计的第一步是弄清其在这种沙漠环境中生活身体进化所发生的变化。

我把这些想法勾勒出来,发现它比绘画表现得更快一点。在Photoshop中,使用一个简单的圆形画笔,设置其【钢笔压力】为10~15%左右,【不透明度】设置为50%。在整理思维图之后,我会轻轻地勾勒出一些构思。我在一个图层上粗略地勾勒出这些想法,一旦对它们感到满意,便在新的层上将它们加强一点,添加了一些快速阴影以帮助定义它们并让它们在图片中更突出。

在设计初期,由于这些构想将主要用于创造另一个设计,因此这些草图不必过分深入或细化 —— 它们只需要传达想法即可。

保持角色身体的瘦长纤细。因为这样可以减少热量的保持并增加散热量。较宽的肩膀使手臂远离身体,可以增加空气流动并发散更多的热量。如图03所示,深色的皮肤色素分解成斑点和皮肤褐色,有助于防止紫外线的辐射,同时也作为视觉特征。

脸上、巨大的额头、深色的眼窝,再添加半透明的瞬膜可保护眼睛免受紫外线辐射和空气中的碎屑。较大的耳朵会促进更多的热量散发,而较小的嘴会减少水分的流失。鼻孔在呼吸时可以打开和关闭,以保持水分。

step 04
第 1 轮剪影

我喜欢在设计角色时使用剪影。这是搜寻各种设计选择的一种快速简便的方法,下面是我为此目的创建剪影的简要描述。

首先，我从之前做过的进化研究中勾勒出一个快速的造型草图（将其造型所在图层的不透明度设置为 15%），这样就可以知道是否保持了原来的比例（见图 04a）。

接着，在角色造型的草图上粗略地画出一些服装元素和创意（见图 04b）。然后使用不透明度设置为 100% 的倾斜画笔，填充身体的外部造型（见图 04c）。

填充完身体后，再填充斗篷的内部，并将斗篷罩在身体下方的一层填满颜色（见图 04d）。这样做是为了可以照亮这些区域，使剪影更具形式感和深度感。要使这些区域变亮，只需要使用【径向渐变】工具，照亮最远的区域（见图 04e），然后把离我们更近的元素变暗，即腰带的前侧以及右手（见图 04f）。

要处理的下一个元素是侦察员用来保护和协助旅行所用的杖杆 / 步枪。这是一个更为复杂的部分，因此如图 04g 所示将先绘制它的轮廓。使用【自由变换】工具将该元素移动到适当的位置【见图 04h】。最终剪影效果可以如图 04i 所示。

现在我将这些步骤重复几次，使用不同的设计选项。这些选项具有各种可以解决温度问题的元素，例如分层的宽松长袍，斗篷和遮光罩。这些元素意味着在夜间可以兼作庇护所。节水装置则可以将集水器、过滤器与储水元素相结合。

防护鞋、盔甲与杖杆结合在一起，有助于穿越松散、崎岖和有阻碍的地形。信号反射器、旗帜和丝绸可辅助在浩瀚的沙漠中进行通信。我把剪影画面上的这些特性作为兴趣点 / 讨论点，就好像和艺术总监讨论这些设计方案一样（见图 04J）。

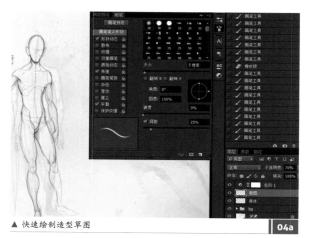

▲ 快速绘制造型草图　04a

▲ 粗略的服装元素　04b

▲ 填充身体形态　04c

▲ 填充衣服的内部　04d

▲ 距离较远的区域变亮　04e

▲ 使更接近的元素变暗　04f

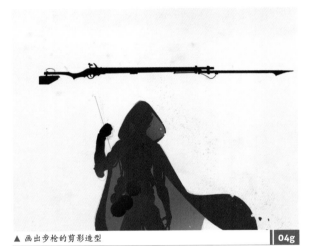

▲ 画出步枪的剪影造型　04g

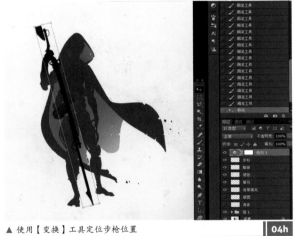

▲ 使用【变换】工具定位步枪位置　04h

▲ 最终剪影　04i

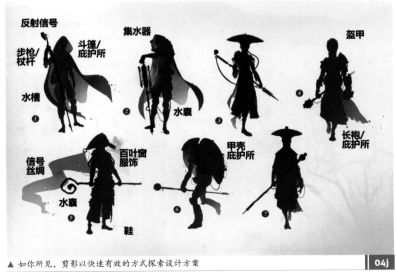

▲ 如你所见，剪影以快速有效的方式探索设计方案　04j

step 05

第2轮剪影

现在，我们将选择最喜欢的设计并对其进行修改，以缩小选择范围，并在第一轮展示的其他选项中添加新的想法或元素。在生产环境中，可以通过艺术总监的反馈来完成，但是在这里，我将用自己的想法和偏好来指导整个过程。

要将这些元素放在一起，可以使用选择工具（例如【套索】工具来裁剪剪影，然后将元素混搭在一起。或者，你可以从其他现有的剪影选项或新的想法中绘制剪影元素。

我的第一个选择是图04j中的剪影7，因为我真的很喜欢它简洁的造型，它似乎向我传达了沙漠侦查员的主题。但是我也很喜欢剪影5的信号丝绸，所以我画了一个类似的版本，同时在他的杖杆里添加信号反射器来协助他进行侦察任务。并且在剪影5里沿着他的侧面添加了集水囊，以便给他更多保存/收集水的能力。

我进一步研究的第二个选择是

▲ 修改和组合剪影设计方案　　05

▲ 在剪影上绘制细节　　06a

▲ 以中灰色调绘画　　06b

剪影 1，因为它似乎也总结了这个角色。我对他唯一添加的就是扩展了装甲元素，并像剪影 4 一样在他的右臂上增加了一些装甲，但朴素得多。

step 06
用灰色上色

下一步是将这两种设计进一步排除室内服装设计元素，以了解它们的工作原理。这是在灰度模式下进行的，这样可以更快地给角色绘制体积感，而不必担心颜色，你可以专注于服装/身体元素和明度值。

接着，开始给角色填充灰色，首先在剪影图层上绘制一些内部元素以引导绘画。

灯光将从左上方照射下来。为了帮助指出这一点并开始上色，我采用了中间灰色，并在角色的左上角使用了【径向渐变】工具（见图 06b）。

接着使用倾斜画笔，将【不透明度】设置为 50%，并启用【钢笔压力】，在整个角色上进行快速上色，定义主要形式并牢记灯光和材质（见图 06c）。我在一个单独的涂层上使用云状的画笔，来填充角色背景，这将有助于以后的上色。

现在开始给单个元素上色（见图 06d）。头饰很重要，所以我们将从它开始。上色时要牢记的重要一点是要绘制对象的材质，这将影响光在其表面上的吸收，反射或传播方式。头饰的外部是磨损的金属，因为它被长时间使用，但它要比角色手臂上的深色包裹反射的光线更多。首先通过绘制一些变化的效果并使用抽象形状的画笔为它刻画纹理来体现磨损。

然后使用圆形画笔在面板上绘制切割线（见图 06e）。将它们放

▲ 快速绘制整个角色的效果　　**06c**

▲ 绘制单个元素　　**06d**

★ 专业提示
表达

请记住，概念是用来表达想法的，你可以通过在工作中添加一个层次来更好地传达你的想法。当然，高水准的设计是创造一个好的表达最重要的部分，但是可以通过遵循命名规则并包括其他思想和信息来清楚地标记它们，从而增强你的概念。

在主绘画层上方的新层上，在继续
绘制光线和纹理信息时不会模糊这
些切割线。正如我所说，尽管这是
一种较旧、磨损更严重的金属，但
它仍应具有反射性，因此，我决定
加大对比，突出重点，并添加一些
头饰面板上的细节（见图06f）。
我进行了最后的细节处理，在切
割线上添加了更多的高光，增加了
一些第三元素以及来自环境的一些
反光，使头饰更具形式感（见图
06g）。

　　然后我会在角色的其余部分重
复此过程，注意力集中在兴趣点和
材质上，因为这些不是最终的设
计，所以只需花时间在表达这些独
特外观的区域上，例如头饰、杖杆、
集水器和角色身上的信号丝绸。如
果选择此选项，则其余的可在之后
解决。

　　如图06i所示显示了此过程结
束时的两个选项。第一个设计更多
地关注在较柔软的材质上，例如分
层的宽松长袍、披肩和信号丝绸，

▲ 绘制切割面板　　　　　　　　　06e

▲ 添加对比度以暗示反光材质　　　06f

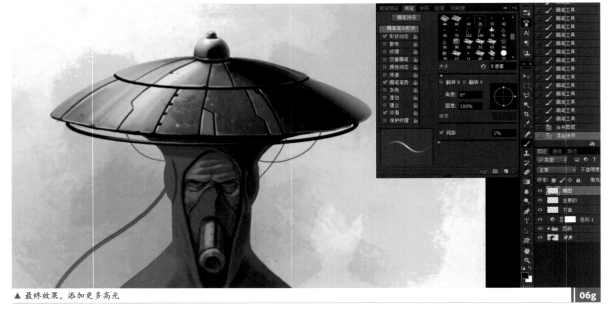

▲ *最终效果，添加更多高光*　　　　06g

▲ 在整个角色绘制中重复这个过程　　06h

▲ 绘制灰度图后的结果用于进一步探索设计方案　　06i

他看起来像个旅行者，并且有些神秘，头饰和脸部被集水器遮挡了。

第二个选项探讨了我对百叶窗式服装的设计想法。这些服装可以打开让空气流通并散发更多的热量，然后还可以合上用来保暖。由于他的盔甲、步枪和手杖的结合，角色似乎也更具侵略性。

step 07
粗略的色彩构图

在将角色用灰色大致的画出之后，下一步是添加一些颜色以帮

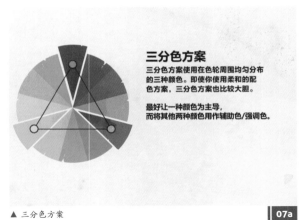

三分色方案

三分色方案使用在色轮周围均匀分布的三种颜色。即使你使用柔和的配色方案，三分色方案也比较大胆。

最好让一种颜色为主导，而将其他两种颜色用作辅助色/强调色。

▲ 三分色方案　07a

▲ 将混合模式设置为【叠加】，并用红色填充图层　07b

▲ 使用不透明度为100%的倾斜画笔　07c

▲ 调整并平衡颜色　07d

助我们评估设计。颜色很重要，在Photoshop 中使用【叠加】图层是快速为当前工作添加颜色的好方法。我将探索两种设计的几种不同配色方案，并判断结果。

在第一个角色上，我将使用主要的三分色方案。三分色方案使用在色轮周围均匀分布的三种颜色（见图 07a）。即使就像我想的那样使用柔和的色调，此方法创建的配色方案也非常大胆。由于我希望这些角色能够散发出热量，因此我将使用红色作为主色调，并使用黄色和蓝色作为辅助颜色。

一旦对配色方案进行排序，我将创建一个新的图层并将其混合模式更改为【叠加】（见图 07b）。

这样就可以在灰度图层的上方绘制、排列，以及为不同的颜色创建各自单独的图层。我希望高温能够透过这些图层，因此在新图层上给整个角色填充了红色。

接着我检查了角色，为不同的元素涂上不同的颜色，然后根据需要为不同的元素创建新的图层。

这样一来，你就可以更轻松地修改和更改颜色。对于绘画，我使用的是不透明度为 100% 的倾斜画笔（见图 07c）。

▲ 在角色下方创建一个新图层并绘制背景　07e

▲ 添加次要细节信息　07f

▲ 【色阶】调整层可改变对比度　07g

▲ 给角色添加暖橙色滤镜　07h

当所有主要元素都填充后，我花了一些时间来调整和平衡颜色（见图 07d）。为此，我经常选择一种新的颜色并在特定图层上绘画，但有时还会使用【色相/饱和度】或【色阶】面板并调整现有颜色，直到找到可行的颜色。

在颜色到达理想的状态之后，我在角色下方创建了一个新图层，并绘制了一个简单的背景以使角色停留在上面（见图 07e）。使用云状画笔和纹理画笔来给它一种抽象的随机的感觉。此背景有助于突出角色，并有助于细节传递。

现在我们对角色做一个快速的细节传递。在图层堆栈顶部的新图层上，使用具有【钢笔压力】并将【不透明度】设置为 50% 的倾斜画笔，在角色上添加次要细节（见图 07f），并使用一些颜色给角色画上了一些背景的反光，从而赋予角色更多的体积感和深度感。由于这不是最终设计，因此你不必花太多时间进行细节描绘，只需将图像放置在可以识别元素的位置，就可以轻松地将它呈现出来。

然后，选择角色并创建一个【色阶】调整层，调整色阶选项，通过增加明暗关系来增强对比度（见图 07g）。

最后，为了使角色偏暖一点，选择角色，在单独的图层上用浅橙色填充选区，迅速将阴影调整为暖色调（见图 07h）。接着将混合图层的模式设置为【柔光】。由于填充颜色比 50% 的灰色浅，因此将使整个图像变亮，冲刷在填充色的微妙温暖中。将不透明度调至 40% 左右，因此我们感到了温暖、朦胧的感觉，就像预期中沙漠的感觉！

我在第二个角色上重复了此过程，这次使用的是类比色的配色方案（一种使用色轮上彼此相邻的颜色的配色方案；请参见图 07i 中的右图）。从相同的红色开始，但换成紫罗兰色和靛蓝作为我的辅助色，然后再添加一点橙色作为亮色。

▲ 探索可能的配色方案　07i

step 08

创建最终设计

　　权衡这两种设计之后，我决定继续使用第一个角色选项。这个版本似乎更符合设计标准：宽松的分层长袍和大的头饰（想象它会折叠成一个庇护所）有助于阻止热辐射；集水器用于收集水囊中的水分，有助于保存水；增加了鞋底的表面积；手杖有助于在松散、崎岖的地形上行走。信号手杖和信号丝绸（随身携带的信号器之一）也有助于侦察员在广袤的沙漠中进行交流。

　　接着，继续推进这个设计，因为它的视觉冲击力更强，并且体现了沙漠侦察员的孤独，同时又带有某种神秘。

　　现在，根据做出的选择，进一步完善角色绘制使其达到展示级别。除了背景，将颜色合并在一起，以进行一些较大的更改。

　　首先，调整信号手杖的位置，将较重的前端往下移。考虑到信号手杖的重量，这样看起来更自然。使用【多边形套索】工具，选取手杖并使用【自由变换】将其调整为朝下的位置。

▲ 所选角色已绘制完善　**08**

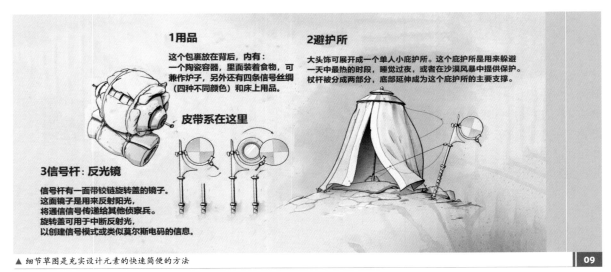

1用品

这个包裹放在背后，内有：一个陶瓷容器，里面装着食物，可兼作炉子，另外还有四条信号丝绸（四种不同颜色）和床上用品。

皮带系在这里

3信号杆：反光镜

信号杆有一面带铰链旋转盖的镜子。这面镜子是用来反射阳光，将通信信号传递给其他侦察兵。旋转盖可用于中断反射光，以创建信号模式或类似莫尔斯电码的信息。

2避护所

大头饰可展开成一个单人小庇护所。这个庇护所是用来躲避一天中最热的时段，睡觉过夜，或者在沙漠风暴中提供保护。杖杆被分成两部分，底部延伸成为这个庇护所的主要支撑。

▲ 细节草图是充实设计元素的快速简便的方法　**09**

其次，为了给图像增加纵深感，我擦除了角色左侧的信号丝绸，并在角色下方的新层上绘制了一条新的信号丝绸，将其一直延伸到背景中。

现在，我将继续进行工作。在层堆栈的顶部创建一个新层，并使用倾斜的画笔（再次将不透明度设置为50%）来绘制更多的光照信息，并添加次要细节，诸如固定长袍位置的小砝码以及手杖的细节。在此过程中，通过添加一些干燥、皲裂的地面来对背景进行重新处理。

step 09
其他设计细节

现在完成了最终设计，我将创建一些其他设计细节的草图。这些快速的草图将有助于充实角色设计中的元素，而这些元素在上一步的图像中没有体现出来，并传达其他的设计思想。

如果你查看图09，其中包括侦察员携带的补给包的详细信息，

该详细信息显示了头饰如何折叠成庇护所以保护角色免受环境影响（无论是炎热的白天，寒冷的夜晚还是沙漠风暴），最后是装在手杖末端的信号反射镜的细节。

step 10
编译设计表

最后要做的是将设计材料编辑成一页，这将用作我们的设计表，用于向客户展示最终设计。我做了最终的设计效果图，其他设计细节，由于面部区域被集水器的面罩遮盖了一半，所以也包含了生物进化研究中的头部元素，并将所有图像排列在具有相关注释的页面上（见图10）。

此时，如果不需要修改，设计就完成了。如果该设计获得批准，我们将继续制作角色的其他角度和可能更详细的图像，这样其他艺术家可以开始将设计应用于最终产品中。

1. 身体：细长的身体减少了热

量的储积。宽阔的肩膀可以增加身体周围的空气流通。

2. 眼睛：大额头和深色眼窝有助于保护眼睛免受强光照射。

3. 集水器：从呼吸中捕获水分，用漏斗将其集中到水囊中（穿在紧身衣的后部）。

4. 信号丝绸：用于向其他侦察员传递信息。

5. 水囊：将水囊悬挂在长袍后下方。在执行任务前已注满水，可以补给站加水。

6. 头部：头部的许多特征有助于适应沙漠：扩大的耳朵可以散发热量；小嘴有助于保持水分；呼吸时鼻孔张开和闭合，可防止水分蒸发。

7. 补给包：背在后背。

8. 庇护所：巨大的头饰展开成一个单人的小庇护所。

9. 信号杖杆——反射镜：该反射镜用来向其他侦察员发送通信信号。

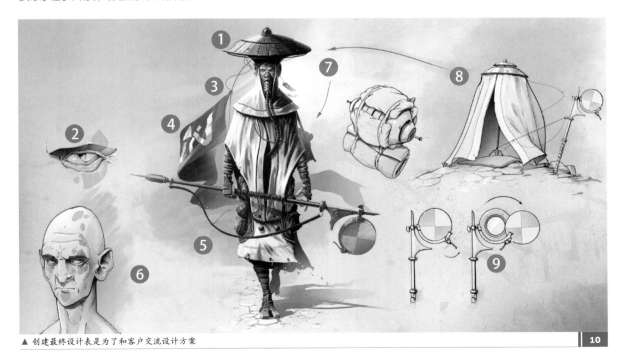

▲ 创建最终设计表是为了和客户交流设计方案

4.2　科幻女性

设计和绘制在低重力环境中生存的角色

作者：查理·博沃特

以"低重力"主题作为本节科幻角色设计的出发点，角色必须适应所处环境的特定方面才能生存。我的首要任务是找出低重力对人体的实际影响，尽管目前还不知道会有什么长期的影响，对于宇航员来说，常见的副作用是体重减轻和骨密度降低、鼻塞、肌肉萎缩、晕动症、睡眠障碍以及由于身体中心血液积聚引起的肿胀。听起来很夸张！

这些只是一些可以激发角色设计灵感的出发点。接下来，思考一下实际想要绘制的内容。想要什么样的颜色和设计？我非常喜欢从太空本身中获得一些色彩灵感的想法：深色背景以及用一些鲜艳的粉红色和蓝色光斑点缀角色。同时我也喜欢白色盔甲的概念，即风暴士兵，这与深色背景形成鲜明的对比。

它有助于将样板或参考资料集合在一起，使事情顺利进行！它们都不是你必须坚持的东西，但是它们确实可以帮助你获得灵感，并提醒你最初的想法。

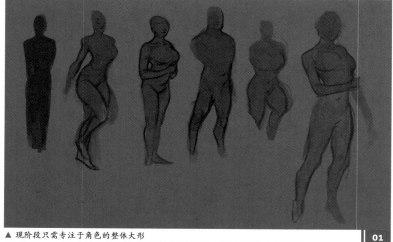

▲ 现阶段只需专注于角色的整体大形　01

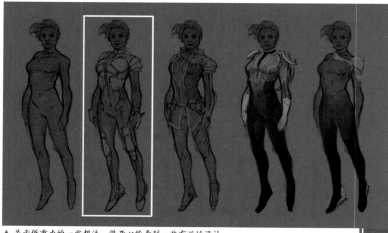

▲ 关于低重力的一些想法。很开心能看到一些有效的设计　02

▲ 从其他设计复制并粘贴　03

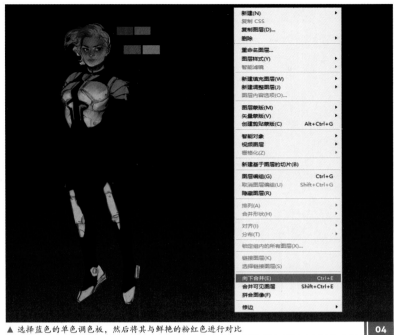

▲ 选择蓝色的单色调色板，然后将其与鲜艳的粉红色进行对比　04

step 01
从草图开始

　　打开一个新的画布（通常为3500像素×4900像素）开始绘制草图。我喜欢在分辨率较高的画布上工作，因为它们足够大，可以容纳之后将添加的所有细节。而画布也需要足够大以便最后能够打印出来。

　　在新的图层上绘制不同造型的剪影草图。从剪影和草图开始工作，由于我非常注重细节，因此在开始的时候不必过多地担心细节而只关注角色的整体大形对我来说是一件好事。在此过程中我还试图加入一些角色的特征：由于身体受低重力的影响，特别是由于体内血液聚集在中心周围，而导致躯干变大。

step 02
迭代，迭代，迭代

　　一旦确定了最喜欢的角色造型，就可以继续前进并尝试在设计上的一些变化。之所以选择图02中突出显示的剪影，是因为它是我个人最喜欢的一个。它具有简单明了的造型，因此你可以了解角色的形状和设计。它还包括较大核心的低重力特质。在此阶段，我们可以尝试设计更精细细节（例如服装、盔甲、发型等），直到我们对设计满意为止。

step 03
决定初步设计

　　如图03所示，我坚持了最初的选择。我喜欢这套衣服的外观，它包含了我想要包含的某些元素；它贴身并具结构化。

　　同样，我也很喜欢其他设计的某些方面，但我很乐意将它作为最初设计。在绘画的过程中，可以为角色的设计添加更多元素。有时候专注于最初的想法，有时候一些其他的想法会贯穿整个绘画过程。这两种方法都可以依据角色的目的很好地工作。

step 04
开始着色工作

　　现在我已经选择了设计，可以开始添加颜色了。我正在寻找一种非常明亮、高对比度的配色方案，因为我认为这可以与科幻主题很好地配合使用。你可以使用任何喜欢的配色方案，但请尝试使用互补的颜色；色轮非常适合查看哪些颜色可以互补（请参见上一节步骤09）。

　　在角色下方的新图层上添加深蓝色，接着为角色的皮肤添加中性色。对于她的皮肤，选择一个不太亮也不太暗的暖黄色调并以它作为起点，然后可以用不同色调的阴影和高光进一步细化。始终要记住，当你在整个过程中添加很多的颜色层时，底色可能会发生很大变化。因此，如果你不满意这些颜色，则有很大的空间来调整它们。

　　对角色的基础色满意后，可以选择角色图层和与角色相关的任何颜色图层，然后通过在【图层】菜

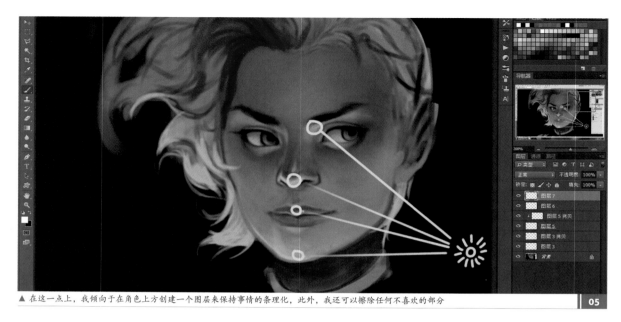

▲ 在这一点上，我倾向于在角色上方创建一个图层来保持事情的条理化，此外，我还可以擦除任何不喜欢的部分 `05`

单中选择【合并图层】(【图层】>【合并图层】）将它们合并在一起。

step 05
选择光源

现在，确定好了基础色调，可以开始考虑光源了。我决定在角色下方放置一个光源，这样一来，就可以增加颜色的趣味性和对比度，而不是从上方对其进行照明。所以，在角色上方的新图层上，选择比角色基础肤色略亮的颜色，使用相同的【常规的硬边画笔】画笔在我认为光线会照到她脸上的地方轻轻地涂上几笔颜色，例如下巴、鼻子和眉毛下面。如果你发现很难混合并需要逐渐增加颜色，请降低画笔的不透明度。

step 06
别忘了翻转

我经常翻转画布，看起来确实是必需的，但不要忘记翻转图像！翻转是一种获得绘画新视角的好方法，当发现错误或看起来不太正确

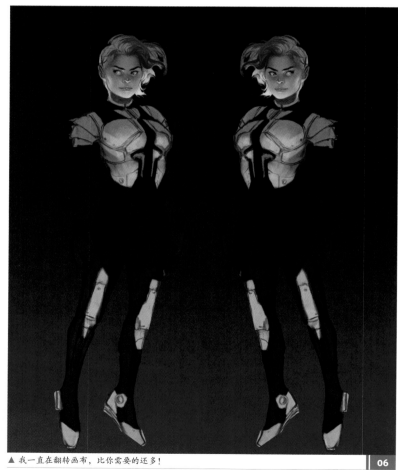

▲ 我一直在翻转画布，比你需要的还多！ `06`

▲ 绘制更精致的细节时，请保持画笔小而精细　　**07**

的时候，它真的有帮助。一旦翻转，它们通常会显得很突出！尝试每隔一小时左右进行一次翻转（【图像】>【图像旋转】>【水平翻转画布】），这样一来，画还没画完，你就意识到图像反过来看起来很糟糕了。

step 07
一点细节

　　现在颜色表现良好，我很乐意开始添加更精细的细节。在新图层上，使用与以前相同的常规硬边画笔，但尺寸要小得多，以便更轻松地绘制细节。我开始整理她的特征。我想给角色添加清晰度以使她的外形能够显现出来。对于我所做的大部分细节工作来说，很多工作都是在清理边缘和特征。在这个阶段，我的设计仍然是粗糙的，因为我仍然主要处理最初的草图。

　　现在，我要以更高的分辨率为角色添加细节，放大后，这些特征可能会变得非常模糊。因此，在使用常规画笔绘制的新图层上，我在其特征上绘制并进一步添加了阴影和高光，并赋予某些特征清晰的边缘（她的鼻子、嘴唇和下巴下方添加光照效果，为虹膜、瞳孔、睫毛、

高光、雀斑等添加细节）。这样为角色增加了新的细节层次。

　　对于初学者而言，刻画细节可能会有些困难，因此不要太沮丧，请试着让自己更努力，这需要大量练习！

step 08
颜色过渡

　　在为她的特征部分添加细节的

同时，我还让颜色产生了变化，我想增加对比度，而做到这一点的最佳方法之一就是真正改变你在绘画皮肤时使用的颜色数量。在这幅画中，整个角色都有渐变的光线，从图像底部的最亮颜色开始，逐渐淡出在顶部的阴影中，这是我想在她皮肤的颜色选择中加入的内容。

　　如图 08 所示，你可以看到她

▲ 保持色板可见，以便你可以继续参考这些颜色　　**08**

脸上不同色调的色板示例，再次从底部开始最亮，然后在顶部逐渐变暗。你应该尝试使一些色板可见，这样你可以继续参考这些颜色以避免图像变得混乱。

确定要选择哪种颜色可能很困难，但是在这种情况下，较好的选择是明亮且温暖的桃黄色作为高光，然后是温暖的米色、粉红色和当角色进入阴影时略带紫色的颜色。

step 09
色彩理论

我想简单地谈谈色彩理论的主题，很糟糕，这没法单独拿来讨论！我为这个插图选择了一个单色的主题，如图 04 所示，它以蓝色为中心。但是，如果我将图像中的所有内容都保持蓝色，那将显得很单调。

在她的头发上加上一点鲜艳的粉红色，在她西装上的点缀一点亮色确实有助于增加图像的对比度，仅添加少量的亮色意味着它只是对蓝色主题的补充而不会压倒它。

如果你不能决定使用什么颜色，看一下色轮，看看哪种颜色能很好地搭配在一起。蓝色和橙色在理论上是互补的，两者搭配起来效果最好，但是粉红色与橙色非常接近，因此仍然可以很好地和蓝色互补。通常，互补的颜色效果会很好，但需用色轮作为指导，这总会留有一些创作空间。

step 10
从盔甲出发

进一步地对角色进行绘制，我很满意她的脸部以及颜色的变化，现在该开始着手绘制盔甲了。好吧，我称它为盔甲，但我希望它看起来介于衬垫和盔甲之间——也许是你在机车夹克上发现的那种结构，不过我想要一些更科幻的东西。

接着，对角色的盔甲进行分块，以便它能够大幅度移动且不受限制。将这些分块设计成蛋壳的外观 / 纹理，因为我认为这样看起来最合适。给你一个友好的提示，要使物体看起来像亚光表面的技巧是消除

▲ 如果不确定哪种颜色能很好地形成对比或互补，请打开色轮！　09

▲ 通过柔和的混合模式来创建亚光表面　10

任何强烈的反射。亚光的物体看起来很柔软，并且它们没有特别反射的表面，因此将所有物体保持柔软并将它们很好地混合。你可以使用软边画笔甚至稍微用点喷枪。如果你不太了解服装设计，那就添加一个图层并在上面画一些大致想法的草图，直到找到你喜欢的东西。

step 11
灯光和造型

在这个阶段，我想建立盔甲的造型和灯光。为此，像往常一样使用普通的画笔，并且用与在角色的脸上添加光照的方式大致相同的方法，在光线会照亮装甲的区域绘制。

如果需要，可以将其大致涂抹，但我也需要一些时间来处理亮部和阴影之间的柔和过渡。就像步骤 05 一样，如果你难以进行混合，则可以降低画笔的不透明度。这样，你可以非常柔和地逐渐添加笔触，同时应该更容易将它们混合。

如步骤 10 所述，我希望她的盔甲看起来是亚光的，并且为了获得那种质感，我避免在盔甲上添加任何"光泽"。要了解光线射向装甲的位置，只需要考虑她的身体向外突出的部分会捕获到光线即可，例如在她的肋骨和胸部下方。

step 12
多一点光线和纹理

到目前为止，我还没有太多关注角色的下半部分，所以我花了一些时间在她的腿部创建造型和灯光，她的腿通常会比其余部分更亮，因为它们离光源最近。

所以，由于她的西装颜色较浅，我给她的腿增加了一些造型。添加造型时，可以将它们视为圆柱形状。它们在腿中央沿胫骨处最亮，然后逐渐向腿部两侧过渡为较暗的阴影。你还可以在两侧添加明亮的颜色条纹作为反射光，以对比较暗的阴影，并明确定义腿的轮廓。

要添加纹理，你可以直接参考纹理的照片（例如，适合她衣服的面料），也可以将其放在相应的区域上，并尝试使用不同的图层选项和不透明度。

▲ 使用高光和阴影之间的柔和过渡来创建形状而不添加光泽 `11`

【叠加】通常效果最好，增加亮度和对比度的一个最简单的方法是在【叠加】图层上添加一些高光，并将该图层设置为剪切蒙版（见第 19 页），同时多尝试一些方法，看看哪种方法能给你带来最佳效果。

另一种选择是忽略照片纹理，并尝试使用不同的画笔和笔刷来模拟纹理。缩小时，即使只有几个划痕也可以被视为磨损的纹理。

step 13
不要忘记双手！

不用担心，我不会忘记她的手！我可能曾经做过一次，但是说真的，不要这么做。当你是初学者时，手部的绘画可能会非常棘手，但是不幸的是，

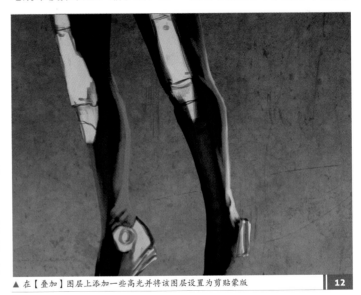

▲ 在【叠加】图层上添加一些高光并将该图层设置为剪贴蒙版 `12`

▲ 将手分解成简单的形状

除练习之外，没有任何魔法可以使它们变得更容易。改善题材／主题／身体部位的最好方法是画它们；所以不要把它们藏在她的背后！

最好是将手分解成各种形状。把手指想象成一组圆柱形状连接在一起。这样就不那么吓人了。然后，使用照亮角色其他部分相同的方法，思考光将如何影响这些形状。如果你不确定某些外观，请参考它。如果你在双手上挣扎，请看看你自己的手！

step 14
只是因为我可以……

这幅画现在已经处于最后阶段了。为了增加一些趣味性，我画了一些发光的结构和粒子。这些都是很容易绘制：用喷枪在想要发光的地方轻轻地画出粗糙形状——它必须非常柔软和模糊，看起来像发光的东西，而不是太坚固的东西（请参见图 14 中角色的肩膀上面的发光环），然后在发光区域的中心，选一个更明亮的颜色，并用较小的画笔绘制更坚固的形状；物体看起来应该像在发光，你甚至可以使用相同的喷枪在【叠加】层上以相同明亮的颜色甚至白色覆盖它，以使其真正发光。

step 15
最后的润色

很明显我很喜欢粉红色，因为我无法阻止自己又增加了几笔！除了粉红色之外，我还为角色的其余部分添加了最后的修饰，以确保我不会忽略脚，并在她的鞋子上添加了一些漂亮的细节——可能在里面发生某种反重力的磁力作用（见图 15）？

完成了底光的效果，并在她的侧面增加了另一个柔和的蓝色轮廓光，以帮助她"跳出"画面。轮廓光是勾勒角色轮廓的好方法；它们也是引入另一种颜色的好方法。只需在角色的轮廓上绘画，然后将光照效果进一步柔和地融合到角色的身体上即可。轮廓光可以像你想要的那样微妙或戏剧性，这取决于颜色强度和不透明度。如图 15 所示最终效果图。

▲ 艺术应该很有趣，所以如果你想添加一些奇妙的东西，那就去做吧！

★ **专业提示**

调整颜色

如果你发现自己的调色板不尽如人意，一个好的建议是尝试使用【色彩平衡】。复制一层你的画（【图层】>【复制图层】），然后从菜单中选择【图像】>【调整】>【色彩平衡】，这是一种同时微调图像中所有颜色的好方法。轻轻推动刻度盘，也许是增加蓝色或粉红色的浓度，试试看什么样的效果最好。你可能只需要调整最细微的部分，但这可能会对你的颜色组合产生巨大的影响。

4.3 中世纪小丑

中世纪小丑的概念和说明

作者：艾哈迈德·阿多里

研究是创造力的重要基础，所以我以观看古老的中世纪绘画作为起点。当然，我可以直接从参考资料中复制小丑的服装并称之为完成，但这很无趣。作为艺术家，我们有机会尝试一些有趣的设计以适应角色。在本节中，我们将从随意的铅笔草图发展到最后的精致设计。

"即使他们不会全部进入最终的插图，在设计服装时仍需要感受到角色的情感。"

感受角色的情感很重要。我想让这个小丑成为一个鄙视所有人的邪恶类型。毕竟他是个宫廷小丑。通过在设计过程中勾勒出面部表情，可以传达这种想法。即使它们并不能完全体现在最终的插图中，在设计服装时仍需要感受到角色的情感。否则，你会感觉像是在为一个空白的人体模特设计服装。

对于此类设计，了解解剖学是必备的技能。

如果不知道人体如何工作，就会出现一些在静止图像中看起来很酷的服装完全无法用于制作动画的情况，Photoshop 的知识对于这一

▲ 我不会在早期就绘制出微小的细节，因为随意的铅笔稿可以显示很多可能性

01

▲ 为了更好地理解小丑，我在素描本中画了很多相关的线稿图 **02**

▲ 把这些画成小缩览图，以避免被细节干扰。小丑的姿势是这一 **03**
　阶段的重要因素

过程也很重要。我会使用图层，级别和混合选项来帮助我进行设计。

"可以选择典型的 T 台造型，但我想让它看起来有趣，所以我会采取更具思考型的造型。在这个阶段中，设计出许多不同的造型非常重要。"

step 01
探索草图阶段

你会发现历史上有各种各样不同的小丑设计。有许多包括丝绸和银铃铛在内的奢侈服装，还有看起来似乎是由破布制成的简单服装。

如图 01 所示的草图中，我正在弄清楚不同帽子的设计以及面料的结构。脸上的表情可以帮助我确定小丑的真实性格。

道具也很重要。许多小丑都有一根戴面具的手杖，代表他们的微缩版本，他们通常为皇室提供滑稽可笑的娱乐表演。

step 02
更多铅笔绘画

除了使用表情来帮助巩固角色，角色的造型也很重要。它有助于分析角色的运动特点；在这种情况下，小丑可能会在观众面前表演。

在图 02 中你可以看到，我选择给他一个愤怒的表情，以表示他对每个人都持有怨恨。右上方的邪恶笑容让人相信他是个真正邪恶的人。这是众所周知的。远离那些这样看着你的人！在右下角我做了一个较小的版本。

step 03
最终角色造型

在步骤 07 之前，我们只需要打开基础画笔工具的不透明度。

你在图 03 中看到的姿势是我在思考最终图像的情况下绘制的。无论最终的插图是什么，它都必须完整地展示服装，以便美术总监或 3D 建模者理解其概念。

请牢记这一点，尽力避免遮盖设计中最重要部分的造型。一个典型的 T 台造型是一种选择，但我想让它看起来有趣，所以我会采取更具思考型的造型。在这个阶段中，设计出许多不同的造型非常重要。

step 04
造型细化阶段

降低步骤 03 中缩览图的不透明度，并在顶部创建了一个新层并再画一张设计图。我用较早绘制的令人毛骨悚然的脸为参考，以不同角度绘制它（见图 04）。

▲ 当我在这张图上重复这一步时，下面的缩览图最终会消失 **04**

▲ 当下一个绘图过程进入视图时，此过程将渐渐消失 **05**

▲ 这里还算随意。不需要绘制精细的线稿图 **06**

对于手杖杆，我绘制了一个几何对称的框架以用作透视图中要绘制的面具的占位符。最好制定一个透视基准来辅助你的绘画，而不要试图在没有框架的情况下绘制。

step 05
再次细化

在第一绘画层的基础上再次执行上一步，并在新的图层加入精确的细节。你可以在图 05 中看到的主要区别是形状的确定。

小丑帽是一个复杂的结构，因此需要一些规划。角色的帽子形状是以前绘制出来的，形状有些暗示性，此处的辅助线条有助于清楚地说明其体积。在地板上，你会看到在角色下方画了一个网格，以表示透视图。这将使角色的身体站在地面上，让他看上去是站在地面上而不是飘浮在空中。

随着下一个绘图阶段的进行，此阶段将再次逐渐消失。这是一个构建过程——第一步为下一步奠定基础。

step 06
添加明度值

再次降低上一步的不透明度。这次，我在小丑服装上绘制了三角形的图案，并为其添加了明度值。细分明度值将帮助你控制焦点。

理智地进行明度值定位至关重要。如果黑色分布过于均匀，除非故意设计平淡，否则你的角色将失去动态和焦点。我们希望此角色脱颖而出。你会在图 06 中注意到，我在侧边绘制了面具。这在平面视图上绘制比较容易，将在下一步中使用【自由变换】工具将其放置到位。

step 07
转变为透视

到目前为止，我唯一使用的 Photoshop 工具是基本画笔和图层。在这一步中，我使用【自由变换】工具将面具放在透视图中的手杖杆上。

按【Ctrl + T】键，将出现一个边界框：你可以按住【Ctrl】键单击并拖动控制点到任意透视中。一旦对位置满意，可以在该选框内双击或按回车键来完成转换。

这对于将事物置于透视图中非常有用。如果你想探索角色的不同比例，【自由变换】工具也很有用。你可以根据你的喜好使用它来挤压或拉伸。

step 08
为小丑制作蒙版

为你的设计制作蒙版将使绘画变得容易得多。

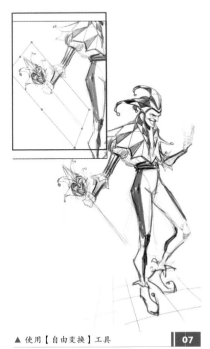

▲ 使用【自由变换】工具 **07**

▲ 起初使用【剪贴蒙版】可能会造成混乱，但是一旦掌握了【剪贴蒙版】的窍门，便会一直使用它们。这样工作流程会更快 **08**

这样做的目的是在线稿图下制作清晰的剪影并将其保留在单独的图层上。我在剪影上方使用剪贴蒙版层，以将线稿图限制在剪影中。

通过按住【Alt】键并在【图层】面板中的两个图层之间单击，（你可以在任何图层上方执行此操作）。你可以通过这种方式创建多个图层，并且绘制的任何内容都将

保留在剪影内。我选择了绿色，它可以是任何颜色。

step 09
彩色缩览图浏览：温暖而寒冷

刚开始想出一个像样的配色方案可能很困难。但是，如果将处理过程简化为几种颜色，则可以提供多种选择。在图09中可以看到的

第一行中的三个以暖色为主，绿色为冷色调。在我收集的参考资料中，我注意到大多数小丑的配色方案都包含红色、黄色和绿色。我想对典型的颜色进行有趣的更改，因此我试着让冷色为主色调，并以暖橙色（图09中的第二行中的三个）作为亮色。好像不太合适，但我喜欢。

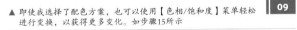

▲ 即使我选择了配色方案，也可以使用【色相/饱和度】菜单轻松
进行变换，以获得更多变化。如步骤15所示 **09**

▲ 小丑的脸部位于单独的图层上，这使我可以很轻松地改变其他
所有物体的颜色而不会弄乱他的脸 **10**

▲ 使用此方法快速简便。无须考虑特定的颜色精度，就已经有了正确的值 **11**

step 10

绘制颜色

我将彩色缩览图放在大图像的一角作为参考。

使用基本的圆形画笔来绘制剪贴蒙版中的颜色，起初将每种颜色设置在单独的图层上可能会有所帮助：一层是蓝色，另一层是黄色，依此类推。

这时无须建模或立体上色。平面着色将设置设计的局部颜色，然后使用【色阶】调整对其进行操作。建议这样做时避免使用花哨的纹理画笔。

step 11

灯光和形态

这是一个秘籍，可通过创建体积和形态来帮助你快速前进。只需复制颜色图层，使用图像调整中的【色阶】将图层中的色块调暗50%。这将使所有阴影都一样暗，为所有暗部设置一个统一的范围值，然后你就可以简单地擦除光进入的位置。使用喷枪作为橡皮擦将

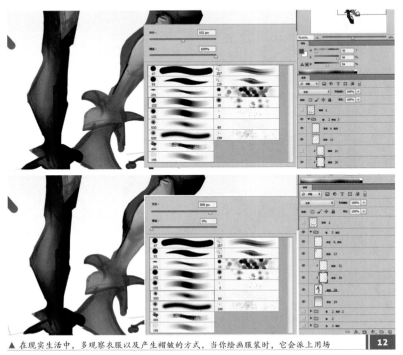

▲ 在现实生活中，多观察衣服以及产生褶皱的方式，当你绘画服装时，它会派上用场 **12**

▲ 绘制更多服装的设计元素 **13**

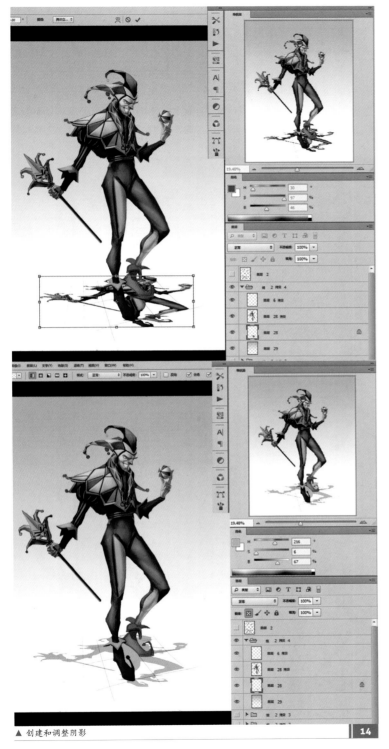

▲ 创建和调整阴影

14

step 12
布料的绘制和反射光

衣服应该有厚度。

再次使用基本的圆形画笔。无论布的接缝在哪里相交，我都会显示出接缝的位置。褶皱也会有轻微的表现，这样做的目的是避免设计出无缝的扁平形状。

反射光也将帮助你显示衣服的形状。使用喷枪来绘制下面柔和的光线。这也有助于显示布料的材质，在这种情况下布料具有丝绸般的反射率。

step 13
服装的精细和细节

现在再画一些服装的设计元素。小丑的服装总是有有趣的图案和形状，通过用黄色线条勾勒出深色的形状来突出帽子上的三角形设计。最终可能是某种刺绣或只是纯色，具体取决于电子游戏允许的细节程度。

接着开始绘制面部，该面部的角度表达可与其余的设计产生流动的效果。我不想过多地绘画面部，因为此项目最重要的因素是小丑穿着的服装。

这时仍然不需要任何纹理画笔或纹理叠加。圆形画笔形状足以作为初步设计草图。

step 14
透视阴影

这是一个巧妙的技巧，可以使你的角色看起来像身处真实的空间中。由于我已经从早期步骤中画出了剪影，它可以作为半精确的阴影形状。只需复制剪影并使用【自由变换】（Ctrl + T）即可将所有内容压缩到角色下方（见图 14 的顶部）。

然后，你可以使用与步骤 08 相同的剪切蒙版方法在整个对象上涂上纯灰色。同时你也可以擦除任何不合理的部分，例如角色的腿部伸出的阴影。你还可以使用【滤镜】>【高斯模糊】来模

光照射到服装上，你还可以使用图层蒙版，而不是仅使用橡皮擦。

这两种方法都很有效。（请参见第 76 页）。

糊阴影，以便为你角色设置更柔和的光影（见图 14 的底部）。

step 15
三幅画合一

在本章的前面，我提到了改变服装的颜色以探索其他可选择颜色方案，这是为客户生成其他颜色创意的一种非常快速的方法。

由于角色的脸部与服装是分开的，因此我们可以关闭该图层并使用色相调整（Ctrl + U）进行处理，这将为你带来从未想过或从未见过的新配色方案。在【色相/饱和度】窗口中的下拉菜单中（见图 15），你可以选择特定的颜色进行更改；如果只希望调整蓝色，它将锁定除蓝色以外的所有颜色。

你可以在此处的右侧页面中，看到中世纪小丑带阴影的最终效果图。

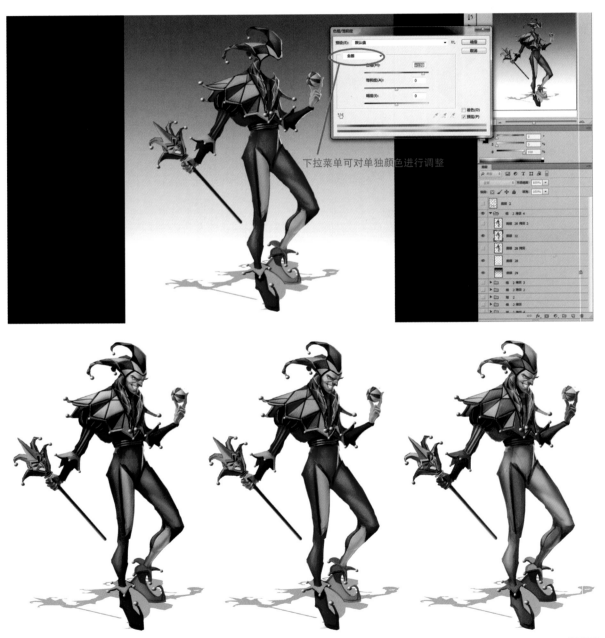

下拉菜单可对单独颜色进行调整

▲ 这种颜色调整方法适用于从道具到角色再到风景的任何事物。你将无所不能！ **15**

4.4 商人

使用自定义画笔为角色的服装添加更精细的细节

作者：马库斯·洛瓦迪纳

让我们从商人的角色描述开始。几百年前，一位来自遥远的国度并定居在西方的商人，在繁忙的贸易港口经营着生意，他是一个充满自信、聪明又机灵、讲究细节、以利益为目的，而且在金钱问题上不择手段且精打细算的人。他的体形显示出他的成功，同时表现出他对美食和美酒的品位，并且这些食物和美酒源源不断。

我想到的第一点是"好老人"。参考绘画大师的作品是一个好的出发点。如果你仔细观察一些旧画，可以学到很多东西，特别是在笔触、灯光、颜色和构图方面。这次，我决定研究一些荷兰的画家，他们对色彩和灯光有很好的鉴赏力（就像其他许多画家一样）。我想找一种绘画的感觉。你可以通过搜索网页找到很好的参考图片。

搜索参考资料非常重要，不仅是设计上的参考，而且能帮助你对特定主题有一定的了解。我对材质、图案、面料等元素了解得越多，设计和绘画过程就越容易。

在查看了一系列关于服装的参考资料和文章之后，我准备启动Photoshop。

▲ 指定最初的颜色　　　　　　　**01**

"如果你害怕在空白的画布上绘画，请从背景开始。"

step 01
背景

绘制背景是一种很好的用来感受角色位置的方法，同时可以设置整个图像的氛围。如果你害怕在空白的白画布上绘画，请从背景开始。绘制背景也可以用来显示你想要使用的颜色主题。棕色色调给人一种旧画布的感觉，并且有助于实现我想要的整体外观。

设置前几种颜色可能很困难，但请记住，你始终可以使用【色彩平衡】来更改它们（有关更多信息，请参见本节的步骤 15）。

在你感到满意之前，不要害怕下笔。

step 02
背景画笔

使用简单的圆形带纹理的画笔（见图 02a），设置为透明模式、纹理和形状动态（见图 02b）来绘制背景。我通常使用很大的画笔尺寸并保持相对随意的笔触。主要的焦点应该是整体颜色的主题和构图。

step 03
创建地板

对于地板，我使用【矩形选框】工具制作一个正方形，并用灰色填充。将正方形重复几次（见图

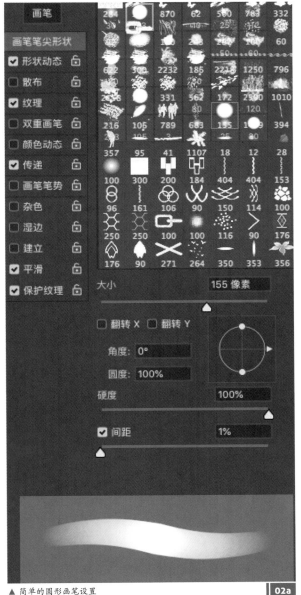

▲ 简单的圆形画笔设置　02a

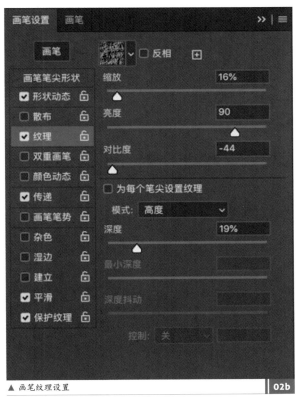

▲ 画笔纹理设置　02b

★ **专业提示**
研究，研究，再研究!

没有什么比研究更重要了，特别是当你必须从事一个超出你的舒适范围或必须尽可能真实可信的主题。那绝对值得花很多时间去研究和做笔记。这将帮助你节省之后的时间，它也让你在绘画过程中更加关注真正重要的事情，例如细节、氛围和颜色等。

▲ 添加地板是使图像获得深度感的简单方法 **03a**

▲ 地板样式将是稍后的参考之一 **03b**

▲ 始终尝试使图像在暖色调和冷色调之间保持平衡 **04**

▲ 保持剪影松散，使你可以专注于整体造型 **05**

▲ 绘制初始色块以定义单独的元素 **06a**

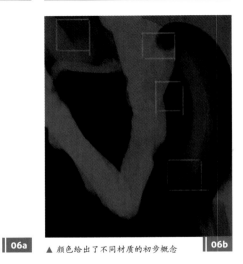

▲ 颜色给出了不同材质的初步概念 **06b**

03a）并将其移至所需位置。让所有正方形都在单独的图层上。

对外观感到满意后，我将合并图层并使用【自由变换】工具（Ctrl + T）将地板图案变换为透视图。下一步是右击然后选择【扭曲】。向下移动上边缘，直到正方形与地面齐平为止。然后移动变换边（小正方形），按住【Alt】键向左或向右拖动，直到获得不错的深度和透视效果。

添加一个图层蒙版，使用柔和的【径向渐变】>【从黑色到透明】（见图 03b），可能你需要重复几次直到你满意结果为止。在这种情况下，【Ctrl + Z】键将是你最好的朋友。

step 04
设计墙面图案

使用 Photoshop 中的现有形状在墙上制作图案，因为该软件提供了一些简单且可以使用的形状。你可以通过使用【钢笔】工具创建自己的路径或通过从你喜欢的图案中重新描边，并将路径保存为自定义形状来生成自己的形状，接着你可以使用该形状。形状是矢量的，因此不必担心分辨率，这些都基于你之前描边的路径。

只需画出你喜欢的形状，并复制，然后将图层设置为【柔光】即可。我会调整透明度设置直到满意为止。使用图层设置很重要，例如柔光、正片叠底或变亮，直到调整到你喜欢的结果。一个不错的效果是复制这些图层，然后查看是否为图像增加了另一种"感觉"。

至于墙上的色带的颜色，由于到目前为止图像的色彩很暖和，因此我决定在其中添加一些较冷的色调。尝试使图像在冷色调和暖色调之间保持平衡。冷色和暖色位于色轮的相反两侧，因此，如果你只在一侧或另一侧使用颜色，则将得到冷色或暖色的画面。使颜色保持平衡，你将得到一幅很全面的画。

其他形式是使用与步骤 02 中相同的圆形画笔手绘的，去掉了纹理选项。现在背景已经设置好了，因此我可以继续进行真正的挑战——角色和他的服装！

step 05
粗略的角色外形

对于角色或服装设计，有时我会从铅笔素描开始，或者直接画出角色的粗略外形。这次我从粗略的外形开始。

如果你在绘制角色的形状或剪影时感到不自在或不自信，请创建一个新图层或在新画布上尝试。这意味着如果你不喜欢它，可以随时将其删除。新绘制的形状可以稍后复制到你的原始文件中。图 05 中的形状主要是用圆形画笔绘制的。其中不喜欢的区域则用同一个画笔擦除。

至于身体请保持造型松散一些！首先要注意的是比例和整体概念。从简介中我们了解到商人应该是发福的，所以形状应该比普通或偏瘦的男性形状更圆一些。同样，保持角色绘制松散并使用单独的图层是即时更改角色的好方法，可以让你的想象力畅通无阻。

这个工作流程也很有可能会发生意外，你所画的每个笔触都可能成为角色的一个元素，只需要绘画和擦除就可以了，正如你在图 05 中所看到的那样，粗略的形状已经显示出姿势和角色／服装的一些元

▲ 服装现在分为单个元素 **06c**

素（例如肩垫，帽子和靴子）。

step 06
明度值和颜色

现在是时候绘制明度值和颜色了。保持笔触和外形的简单性使你可以在不关注细节的情况下定义某些区域。对我而言，细节是此类画的最后一部分。此阶段重要的是确保形状和明度值清晰明确。这些形状和明度值定义了不同的纺织品，例如衬衫、背心和裤子（见图 06a），它们都应具有自己的材质（见图 06b）。

使用与绘制背景和形状相同的圆形画笔。所有颜色和明度值均绘制在单独的图层上。我倾向于在绘画过程中使用很多图层，因为这样使我可以来回切换图层以摆脱不必

"研究每种材质反射或吸收光的方式。"

要的内容。

在绘画不同的材质时，请确保你能找到这些特定材质的优秀参考。你可以在网上搜索或环顾四周，你的衣柜中可能会有足够多的不同的材质。研究每种材质反射或吸收光的方式。

同样，将大多数材质保留在独立的图层上可以让你在绘画和擦除之间游刃有余，这与我们用于初始形状的方法基本相同。在新图层上绘画时请使用拾色功能，以获得与下面图层的形状和颜色完美的混合效果。图 06a 显示了在单独的图层上出现的色块。图 06c 显示了这些图层在一起的外观。

"添加第一个细节很有趣，但你仍应记住它们的用途：显示角色的特征。"

step 07
定义脸部

当对明度值和颜色感到满意后，开始绘制角色的面部和表情。这个角色是中年且经验丰富，考虑到这一点，我给他画上胡子以使他显得更老一点，胡子也反映了他的社会地位。最初，我使用相同的圆形画笔绘画胡须。我决定使用由简单的笔触和圆点制成的自定义画笔制作第一个细节，设置为【散布】和【透明】模式。

如图 07a 所示，你可以看到形成胡须画笔的初始点和笔触。你可以根据需要随时创建新的画笔。 就像你在第 96 页上所学到的那样，只需创建一个新文件（例如 800 像素 ×800 像素）然后开始绘制一些随机的点，笔触或形状即可。这实际上取决于你要使用画笔实现的内容。当对外观满意时，可选择【编辑】>【定义画笔预设】。

现在创建一个比画笔文件更大的新文件，然后开始使用诸如【散布】、【透明】、【纹理】或【双重画笔】的设置（见图 07b）。选择【画笔】面板左上角的【新建画笔预设】以保存它。现在你可以使用新画笔了。最重要的是，要在衣领和衬衫上添加更多的细节。

step 08
第一处细节

现在是时候给服装添加第一个细节了。角色是一位富有而有名的商人，这将由他穿的衣服来体现。这个时期的服装的重要元素是衣领和服装上的细节。添加第一处细节

▲ 胡须画笔由随机的笔触制成　07a

▲ 画笔的设置　07b

▲ 添加第一个服装细节　08

▲ 通过创建自定义画笔来加快绘画过程　09

▲ 圆形边缘可以让图像看起来更立体　10

很有趣，但你仍要记住它们的用途：

显示角色的特征。记住要使色调（暖 / 冷）保持平衡。

step 09
创建蕾丝的自定义画笔

对于袖子，我使用前一段时间拍摄的照片创建了自定义画笔，你可以将照片导入 Photoshop 并将图像更改为【灰度】（【图像】>【模式】），然后使用【选择】工具选择褶饰周围的中性灰色。如果选择【选择】>【选取相似】，这将根据你之前选择的颜色选择所有相似区域。

重复几次，直到确定选中所有中性灰色区域。通过单击【图层】面板底部的【添加图层蒙版】按钮或从菜单中选择【图层】>【图层蒙版】>【显示全部】来创建图层蒙版，现在

你所拥有的就是画笔的基础形状。在褶饰下添加一个纯白的图层，然后再进行【色阶】（Ctrl + L）校正，直到你有足够的对比度。现在返回顶部菜单，按照步骤 07 所述创建新画笔。

step 10
变形

不需要用画笔为袖子制作无缝花纹，因为可以使用其他工具将其缠绕在手臂上。要获得曲度，请使用【变形】工具和【液化】滤镜（请参阅第 214 页书末的术语表）。我复制了左臂的图层（在图像中为右），将其调暗以实现更大的深度。

step 11
靴子的细节

接着，继续为服装添加细节。

"这将产生一种 3D 感觉，并增加更立体的深度，这对于使服装具有真实性是绝对必要的。"

对于靴子，我决定在上部折叠处留一个缝隙（见图 11a）。通过在现有图层上绘制它，并使用较暗的颜色和小的圆形画笔来定义折叠 / 间隙（到目前为止，我在大多数绘画中都使用相同的画笔）。当你绘制折痕或切口时，请确保在折痕边缘添加一些高光。这将会产生一种 3D 的感觉，并增加更立体的深度，这对于使服装具有真实性是绝对必要的。

添加一些细节，例如衣服上的金色刺绣。当用鲜艳的颜色画高光时，我总是使用【拾色器】来改变颜色的值。不仅为更亮的颜色使用

▲ 额外的细节增加了角色故事的深度感　11a

▲ 此时服装的细节开始融合在一起　11b

了更亮的值，而且还为它添加了一些灰色。与仅增加亮度相比，该颜色的混合效果要好得多。

你也可以使用较亮的颜色来制作一个透明画笔，然后从中进行选色以与之混合。

step 12
创建链条

角色身上的双链条也是用自定义画笔制作的，图 12a 显示了链条画笔，图 12b 显示了链条画笔的设置。对于高光和阴影，我使用一个小的圆形画笔。在一个单独的层上绘制链，按住【Ctrl】键并单击该层，则可以在链的图层上进行选择。

选择后按【Shift + Alt + Ctrl + N】键创建一个新层并隐藏该选区线（Ctrl + H），也就是说，区域仍然处于选择状态同时选区线被隐藏，因此它们不会妨碍绘画小细节。

我开始用更亮的颜色绘制高光，如果使用蒙版来绘制如此微小的细节，可以确定你没有在不需要的区域上绘画，阴影只是原始链图层的复制品，除了使用【变形】选项（【编辑】>【变换】>【变形】）进行小的变换。你可以在图像 12c 中看到结果。

▲ 链条自定义画笔　12a

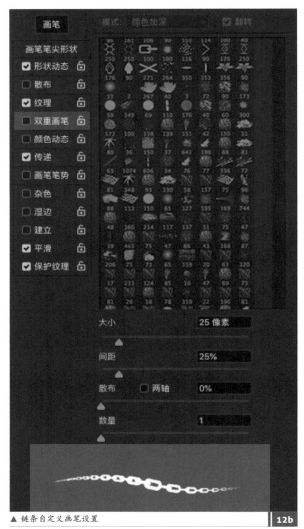

▲ 链条自定义画笔设置　12b

▲ 创建链条效果的最终结果　12c

▲ 缩小图案以重新用在服装上　13

step 13

图案

对于服装图案，我决定重用步骤 04 中的墙面图案。这有助于使角色更多地融入环境，并为服装添加一些精美的细节。从背景图层中复制图案，并使用【变换】工具将其匹配到服装的形状。

同样，关于图层的好处之一是，你可以随时返回并重复使用你先前绘制的一些元素，就像我在这里所做的那样。

接下来，使用【自由变换】工具（Ctrl + T）缩小图案。当比例与服装的大小匹配时，按回车键。图 13 显示了墙上的图案线条，然后将其变形以适合皮带区域。当我确定图案遵循角色身体的形状时，创建一个图层蒙版并混合其边缘。我建议你使用设置为【透明】模式的柔边圆形画笔，以获得柔和的渐变。

"裤子上的红色条纹带来了更多的颜色变化，同时体现了他的军事背景。我还为靴子和服装增加了褶皱和更多的细节。"

到目前为止，我一直将所有内容保留在独立的图层和图层组中，因此我可以返回这些图层以添加其他详细的细节。

裤子上的红色条纹带来了更多的颜色变化，同时体现了他的军事背景。此外我还为靴子和服装添加了褶皱和更多的细节。

step 14

修改脸部

翻转了几次画布后，我突然意识到他的脸还太年轻；所以需要将更多的细节添加到胡须上，并为他的脸添加一些较暗的颜色以此解决此问题。如果比较图 14a 和图 14b，你可以看到如何添加这些较暗的区域来增加角色的面部年龄。

要创建这些较暗的区域，在一个新图层上进行绘制并将该图层设置为【正片叠底】

▲ 变老之前　　14a

▲ 角色面部添加阴影使其变老　　14b

（约 50% 的图层不透明度）。在一个新图层上，为他的胡须绘制较小的细节，全部使用之

前所用的圆形画笔。

此外我还为角色喉咙周围的暗部区域添加了更多的纹理。

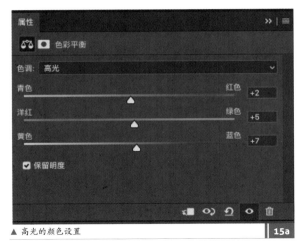

▲ 高光的颜色设置 `15a`

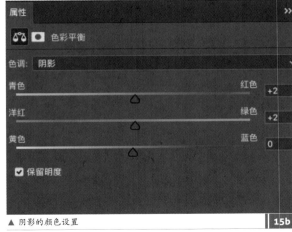

▲ 阴影的颜色设置 `15b`

step 15
最后的润色

这时我对最终的结果感到满意，所以我决定将图像放在一边，然后再做其他事情。休息一下或者做一些与绘画或创作无关的事情，这是一种对你的作品获得全新视野的好方法。

带着全新的视野，我在服装上添加了更多细节，例如皮带下部的细条纹以及放钱用的皮包，这些条纹位于单独的图层上，并将图层设置为【柔光】。使用图层效果是混合元素的好方法。

现在是时候进行一些轻微的颜色更改了。使用【色彩平衡】选项进行更改。老实说，我爱上了这种效果。我在风景画中使用了数百次，为阴影、中间色和高光添加一些颜色变化是很有趣的。

使用【色彩平衡】工具不是一门科学，而是更多地玩转和寻找个人风格。当然，颜色应与主题匹配，但这完全取决于你。有关如何设置色彩平衡的信息，请参见图15a~15c。重要的是要在所有通道使用高光、中间色和阴影。

现在是时候合并所有图层，进行保存，并大功告成！

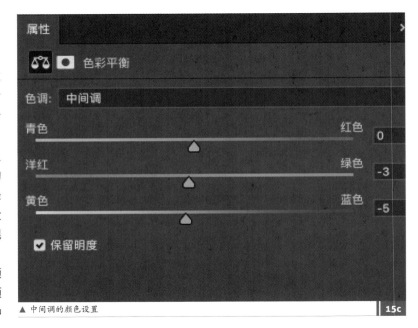

▲ 中间调的颜色设置 `15c`

★ 专业提示
创建自己的图片库

我的绘画工作流程中最重要的环节之一是建立庞大的个人图片库。我总是随身携带相机，以备有机会拍到照片添加到我的图片库中。这足以捕获一种氛围，一个场景，一个色彩组合。你可以将图像用作即将绘制的一幅画的纹理，甚至可以用它创建自定义画笔。这也是学习光源和材质的好方法。而且，最大的好处是，这些图像和照片都是你自己的。

第 5 章　快速技巧

探索如何创建角色设计中的常见元素。

　　角色由许多不同的元素组成，这些元素在设计的可信度中都起着重要作用。这些细节的视觉可信度会影响绘画的成功与质量，当尝试绘画一些从未画过的东西时会造成问题。因此，作为初学者，练习再现令人信服的细节和纹理的艺术是有用且重要的。为帮助你发展这些技能，本章将提供大量方法和技巧来创建常见的细节和纹理，例如皮肤、头发和蕾丝花边，所有这些都将有助于提升你的工作流程。

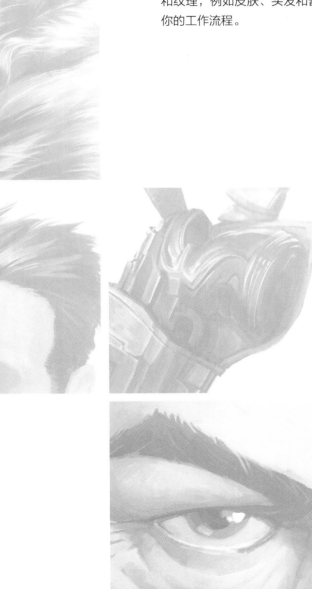

5.1　卷发

作者：Bram "Boco" Sels

01 线稿

　　卷发的主要特征是一绺一绺的头发相互缠绕，重要的是要为每绺头发勾勒出轮廓，例如，一绺头发呈螺旋状向下卷曲并向末端变尖，保持卷发变化自然，确保每个卷曲方向都与它们的上一个相同。

02 绘制大形

　　在线稿下方创建第二个图层，并使用常规的圆形画笔以单色填充头发的形状。通常，卷曲的头发周围会有一定的空白区域，因此请尝试创建发绺，以便可以通过间隙看到背景（或皮肤）。

03 绘制高光和阴影

　　在线稿的顶部创建一个新图层，并确定高光的位置，其颜色比底色要亮一些。无论何时卷发朝向光源（参见箭头）的位置，都应该有高光。卷发的另一侧是阴影，因此颜色要比底色稍暗，为每个高光绘制一个阴影。发绺后面的遮挡的头发也会变暗。

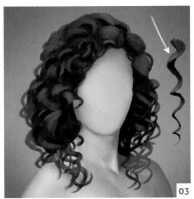

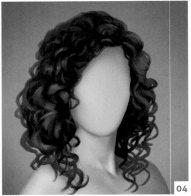

04 更多的卷发！

　　一旦较大的卷发被挡住，选择高光的颜色并开始在后面和顶部添加较小的卷发。根据想要头发卷曲的程度，可以继续进行绘制。要使较大的卷发"突出"，请选择比高光还要亮的颜色，并在顶部添加少量的镜面高光。

05 细节和叠加

　　使用较小的画笔在蓬松卷曲的头发中添加一些额外的碎发。从大到小绘制，因此将这些细节保留到最后。通过添加一个叠加层，并使用大号的软边画笔和高光颜色绘制亮部，让头发显得更有光泽。

5.2 头发光影

作者：蒂姆·洛希纳

01 绘制头发形状

使用【套索】工具并根据绘制的形状进行手绘的选择，使用【油漆桶】工具在新图层上用颜色填充该选区，如果你在【图层】面板的上方区域启用了【锁定透明像素】功能，则可以使用模板/蒙版的形状。

02 基础色

使用柔边圆形画笔在图层的像素蒙版上添加阴影和高光。高光可以用简单、水平、厚实和柔和的线条绘制。明亮的轮廓光使形状轮廓清晰。

03 定义部分

现在，你可以用硬边圆形画笔通过亮部和阴影的颜色定义较小的部分。使用较小的笔触将较小和较亮的高光添加到粗糙的亮部中。初学者常常会犯一个错误，那就是只考虑头发的整体质地。以较大的形式和部分进行思考将有助于获得更好的效果。

04 细节

现在你可以开始考虑较小的细节和头发的纹理了。使用较小且较锐利的画笔在中间色中绘制一些头发的纹理和细节。你可以使用相同的方法绘制高光区域，但要比中间色的区域小一些。要增加头发的深度和真实感，请为其添加较小的细节和一缕一缕的头发。使用非常细且锋利的画笔在头部绘制一些亮部发丝，对暗部发丝也是如此。

05 自然的发梢

使用带有硬边的画笔，并在【钢

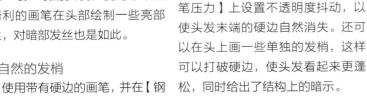

笔压力】上设置不透明度抖动，以使头发末端的硬边自然消失。还可以在头上画一些单独的发梢，这样可以打破硬边，使头发看起来更蓬松，同时给出了结构上的暗示。

5.3 短发

作者：Bram "Boco" Sels

01 剪影

从剪影开始绘制大块的头发。选
择【套索】工具绘制剪影，然后使用
【油漆桶】工具将其填充为灰色。

02 体积与对比度

选择【套索】工具以创建头发
形状。选择较深的灰色，并使用【渐
变】工具从上到下进行应用。创建
另一个小的选择区域显示高光，并
用较亮的灰色制作另一个渐变。记住
在每个步骤中绘制出较小的选区。

03 在头发上添加细节

用 2~5 像素的小画笔，选择较
深的灰色，开始用弯曲的笔触画出
头发的发束。从最深的头发开始，
逐渐转移到较亮的头发。这样，你
的头发将看起来更逼真。以 1~2 像
素的小画笔进行梳理，并在头发的
中间部分画出抖动的线条。最后留
出完美的弯曲发绺。

04 加强头发的绘制

逼真的头发即使梳理后也会有
很多不同形状和线条的瑕疵。因此，
取消选择你的所有选区，然后使用
【涂抹】工具开始在头发的边缘上
绘画。将【涂抹】工具的强度设置
为 90%，并在每个笔触上使用。

05 给头发添加颜色

现在我们将基本值设置为灰色，
合并所有图层（【图层】>【合并图
层】），然后以【叠加】模式添加
新图层。选择头发的基本颜色，选
择 40 像素的喷枪或软边画笔，将不
透明度设置为 20%，轻轻地在头发
上涂抹。在靠近边缘的地方涂刷时改

变画笔的大小，或快速选择。现在
选择较亮的颜色（始终在色轮上移
动），然后在另一个【叠加】层上绘
制高光。最后，合并所有图层，并使
用【减淡】工具增加头发的亮度。

01

02

03

04

05

5.4　直发

作者：蒂姆·洛希纳

01 绘制形状

绘制发型时，必须正确设置整体形状。如果要使头发看起来像本例中的那样笔直，则不能让卷发从侧面伸出。即使不增加笔触，你也可以通过看一下形状就可以很好地了解头发的造型，因此从基本的头部开始，在顶部添加一个定义形状的单色层。

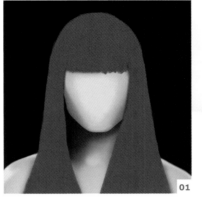

02 添加阴影

可以使用简单的多行画笔（请参见图02）添加阴影，并将在画笔面板中，选择【形状动态】并将【角度抖动】设置为【方向】，使用这样的画笔，你可以快速一次性绘制多根头发。

03 添加高光

添加阴影后，你可以对高光进行相同的操作。在进行此操作时，请考虑一下灯光的颜色。在此示例中，左侧是偏暖的黄光，右侧是偏冷的黄光。

04 提升和完善

当要增加头发的体积时，一个绝妙的技巧是选择【减淡】工具；将其设置为【高光】，然后使用软边画笔扫过较大的形状，例如前额（如果有刘海）和头发的末梢。它会落在肩膀或胸部上。它将自动创建一个有机的外观渐变，遵循头部和身体的形状。

05 零散的头发

继续使用多行的画笔在大的形状上继续细化头发，直到感觉到内部形状已经完成，再细化头发，然后在顶部添加一个新层，在大的形状上绘制零散的头发。即使直发看起来很顺滑，总会有一些较小的头发伸出。最后，选择皮肤层，并确保在靠近皮肤的地方添加一些阴影。

5.5 绘制刘海

作者：Bram "Boco" Sels

01 绘制形状

就像直发一样（请参见第 163 页的直发快速技巧），正确设置头发的造型很重要。刘海的头发有很多绺，彼此相互缠绕，尽管刘海会沿着一个大致的方向（很明显）向下发展。绘制较大的形状时，请确保给它很多尖的发梢，这样看起来会很自然。

02 添加阴影和高光

使用多行画笔可以快速地在需要的地方绘制阴影和高光。在这种情况下，我从前方给出了普通光源，这会导致头顶和颈部后面有阴影，并且从右侧使用了强烈的背光。

03 不同的发绺

在绘制刘海时，最困难的部分是了解头发在头部的生长方式以及产生流动的原理。我认为可以通过在单独的图层上快速绘制一些箭头来帮助自己定义并指出头发流动的位置。

04 继续绘制高光

一旦知道了发绺的方向，就思考一下它们是如何重叠的。当发绺覆盖到另一个发绺之上时，上面的发绺应该有高光，处在后面的发绺应该有阴影。就像直发一样，使用【减淡】工具处理更大的形状是一个好主意，例如前额和较大的发绺。

05 叠加和镜面高光

最后在顶部添加一个新图层并将其混合模式设置为【叠加】。选择明亮的颜色，并使用小号尖头的画笔在整个发型上添加一些划痕和细小的毛发。这些镜面高光有助于使发型更加随机并使其更具说服力。

5.6　年轻肌肤

作者：蒂姆·洛希纳

01 基础颜色和形状

皮肤是一种复杂的材质，可以通过光线在其周围的反射来获得它的特质。相较于环境光来说，透光的皮肤部分会更偏暖。最好从一个单独的图层上创建基本脸型开始，给它一个与你想要的肤色相似的基础色。

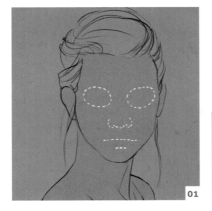

02 添加明度值

一旦有了大的形状，单击【图层】面板顶部的【锁定透明像素】，然后选择高光的颜色（使用【拾色器】进行帮助），该颜色将比蒙版的基础色饱和度底且亮度更亮。它（和一个大号的软边画笔）可以绘制皮肤的亮部，使用同样的操作选择较深的颜色绘制皮肤的暗部。

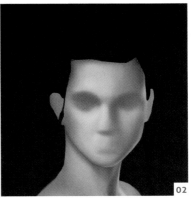

03 正片叠底

要添加棕褐色，你可以在顶部使用一个【正片叠底】层（或者是使用【滤色】层，以使肤色看起来更白）使皮肤颜色变暗。按住【Ctrl】键并单击【图层】面板中的皮肤基础层，在顶部添加一个新层，将其用浅棕色填充，并将其混合模式设置为【正片叠底】。在此基础上使用【不透明度】滑块调整效果。

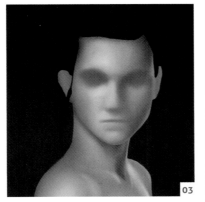

04 细节

当你查看参考资料时，请真正专注于肤色和影响肤色的光源。继续推动这些明度值！

05 杂色和雀斑

皮肤上有很多纹理，可以通过杂色层来创建。在顶部添加中性灰色层；

将其混合模式设置为【柔光】（如果是中性色，它将不可见），然后从菜单中选择【滤镜】>【杂色】>【添加杂色】）。创建自定义画笔以添加雀斑。在一个新文档中，绘制一些具有

不同值和大小的圆形（见图 05）。从菜单中选择【编辑】>【定义画笔预设】,打开画笔面板，选择新的画笔，然后选择【散布】。现在你可以不费吹灰之力就能画出成千上万的雀斑。

5.7 皮肤老化

作者：罗曼娜·肯德里克

01 基本形状

参考真实人体是描绘人体皮肤的关键，因此你可以直接研究人体解剖结构、光线和表面纹理。一开始需要专注于基础结构，忽略所有的小细节。在 Photoshop 中眯着眼睛查看参考或者稍微模糊它都可以帮助你理解基础结构。重要的是，在尝试进行细节绘制之前结构必须准确。

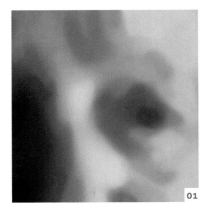

02 皮肤老化

随着年龄的增长，皮肤变得更薄、更苍白、更透明，变得干燥、脆弱，毛孔粗大。它经常形成色素斑（老年斑）。最明显的变化是皮肤下垂和布满皱纹。皱纹分为两种类型：深层皱纹和表面皱纹。而且，在较年长的人中，你可能会注意到脸部并不完全对称。

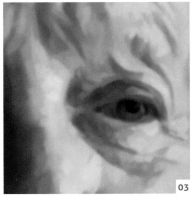

03 深入

完成基本造型后，开始在额头上增加深层皱纹，鼻子的侧面有明显的凹痕，并在上眼睑上堆叠皮肤。不要把皱纹画成线条，尝试画出凸出的部分，露出褶皱和折痕的体积。像压扁圆柱体一样挤压它们。

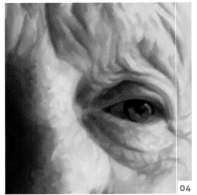

04 颜色

对于非常白皙的皮肤，不要使用黑色绘制阴影。它会使颜色变暗，使皮肤无生气，呈灰色。观察丰富的色调：阴影中饱和度高的橙色，下眼睑皮肤特别薄的地方有粉红色和洋红色，甚至是淡蓝色和紫罗兰色也可以突出透明度的质感。

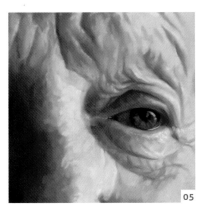

05 画龙点睛

使用硬边画笔加深皱纹。添加细节，例如斑点、毛孔和细纹。最后画上精细的斑点呈现出逼真的皮肤。

5.8 愈合的疤痕

作者：卡洛斯·卡布雷拉

01 选择你的疤痕

在肤色基础上，绘制疤痕的形状。选择选区（使用【套索】工具）或手绘。我选择了子弹伤疤，所以我在中间画了一个圆圈，并在上面画了一个十字。选择比基础肤色更深的颜色，并在选定区域内进行绘制。

02 阴影纹理

使用【拾色器】选择更深的颜色。使用【多边形套索】工具确定阴影在疤痕上的位置；每一次缝合和愈合的皮肤都会为你提供很多纹理信息，只需简化形状即可。选择好选区后，使用不透明度为10%的喷枪或软边画笔，在选择范围内缓慢而平滑地进行绘制。

03 疤痕的光源

选择像素为5，不透明度为50%的硬边画笔。使用基础画笔进行实验，选择一种饱和的肤色，在这种情况下为浅橙色，然后在阴影所在的另一侧进行绘制。请记住让中间的一些基本肤色突出阴影。

04 有时模糊效果更好

使用覆盖整个疤痕的【椭圆选框】工具进行圆形选取，并按【Ctrl + Shift + C】键然后按【Ctrl + Shift + V】键进行合并，现在转到【滤镜】>【模糊】以混合和平滑疤痕；重复操作直到疤痕混合。降低图层的不透明度，直到两个图像完全融合：50%是一个不错的开始。

05 疤痕的结构

选择设置不透明度为70%的硬

01

02

03

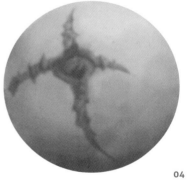

04

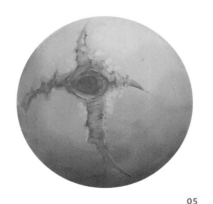

05

边画笔（圆形硬边画笔非常适合此阶段），并选择较亮的皮肤颜色，比高光部分亮一些。在疤痕上用小笔触绘制，在一个新的图层上重复此步骤，然后将不透明度降低到

30%。在另一个透明度为50%的新层中，在疤痕边缘涂上明亮的肤色以产生凹凸不平的外观。使用【颜色减淡】添加最终效果。

5.9 开放性伤口

作者：亚历克斯·尼格里亚

01 线稿

使用默认的圆形画笔绘制线条，使它尽可能简单。牢记下一步将要绘制的体积，因此我将伤口包裹在适当的位置。

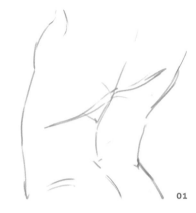

02 绘制

在稍后的过程中，我将要分离的区域绘制出来。选择启用了【颜色动态】的画笔来实现皮肤色相、亮度和饱和度的一些细微变化。要启用【颜色动态】，请打开【画笔】面板（F5）并选中【颜色动态】旁边的复选框。拖曳滑块，观察它们如何影响你的画笔。将它们向右移动一点，因为我不想产生太强烈的效果。

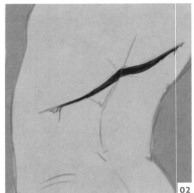

03 初始细节

保持伤口内部为深红色。大部分工作在伤口外部进行。你可以在皮肤边缘添加一些高光以暗示其厚度。在皮肤附近添加一些较深和饱和度高的颜色将表明伤口附近的组织正受到一些创伤。

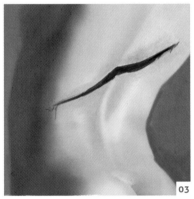

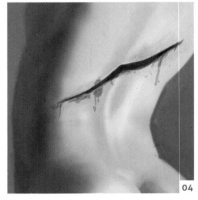

04 溅血

使用在【画笔预设】面板中激活了【湿边】的画笔在伤口边缘附近绘制一些血迹，通过颜色【拾取器】和使用画笔模式【线性减淡】（添加）给伤口内部的深红色添加更多的变化。要更改画笔模式，在使用【画笔】工具时使用快捷键【Shift+右击】。

05 高光和更多细节

使用默认的圆形画笔和一些接近白色的颜色添加一些高光。同时加了一些瘀伤的细节。使用画笔的【正片叠底】模式并选择高饱和的绿色、蓝色和黄色来绘制瘀伤，并在与皮肤相同的图层中进行绘画，因此能融合得很好。

5.10 文身

作者：蒂姆·洛希纳

01 设计文身

创建一个新的 Photoshop 文件，你可以在其中设计文身。无论是部落图腾还是彩色图片，只需使用不透明度为 100% 的画笔绘制即可创建图像。此时你无须考虑图像的透视变形。放在手臂上时，请确保它与背景在不同的图层。

01

02 放置文身

你可以通过将文身层拖动到绘画工作区，再将文身放置到角色文档中。然后将其放置在手臂上并使用【变换】工具，根据你的喜好调整大小。（【编辑】>【变换】>【缩放】；按住【Shift】键可以保持比例）

02

03 贴合在手臂上

这个任务需要【变形】命令，从菜单中选择【编辑】>【变换】>【变形】，此时文身图案上出现一个转换框架，拉出锚点使文身的形状适应手臂的圆度，也可以单击并拖动网格中的单元形成文身。完成后按回车键确定。

03

04

04 叠加层

你已经将文身放置好了，只需将图层模式切换为【叠加】即可。现在它适应了手臂上的明暗，并融入绘画中。你可能要调整亮度，因为根据文身的原始亮度，它可能会变得太暗了。要解决此问题，请降低图层的不透明度，它位于【图层】面板的上部。

05 镜像

如果想要扩展文身，则可以添

05

加另一层带有相同文身图像的图层。再次将原始文身图像拖放到文档中，然后将其水平翻转（【编辑】>【变换】>【水平翻转】）。剩下的就是重复步骤 02~04 即可。

5.11　女性的耳朵和耳环

作者：蒂姆·洛希纳

01 准备

首先，你必须了解一下耳朵的总体特征，尤其是对于年轻女性。耳朵的皮肤非常薄，因此在某些区域，当光线照射到耳朵上时，你会看到更多的红色血液通过，这时耳朵会显得有些发红。在之后的步骤中，需要注意不要将耳朵画得过分细致，这样才能与女孩柔软亲切的脸部外观协调起来。使用大的柔边圆形画笔粗略地增加主要的颜色和阴影。记住要让阴影颜色更红、更饱和。

02 定义形状

你不必在这里绘制太多细节。只是收紧一些耳朵的形状。耳朵的内部有着非常光滑的表面，因此你将在此处看到更多高光。

03 耳环的蒙版

为了与角色的皮肤更清晰地分离，创建一个耳环形状的单独图层是有帮助的，这样不同的材质就不会混淆。只需在单独的图层上绘制耳环的形状并在【图层】面板上选择【锁定透明像素】。

04 耳环的材质

相比皮肤，耳环显然是由不同的材质制成的，因此你需要显示出这种对比。金属材质的表面具有很高的反射性，因此从光到阴影的过渡将不会非常平滑。在亮部区域旁边放置一个较暗的颜色。强烈的对比度定义了材质属性。

05 其他细节

你可以在耳环表面添加其他细

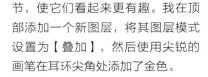

节，使它们看起来更有趣。我在顶部添加一个新图层，将其图层模式设置为【叠加】，然后使用尖锐的画笔在耳环尖角处添加了金色。

5.12　女性的眼睛和妆容

作者：Bram "Boco" Sels

01 眼睛的形状

在单独的图层上使用辅助线绘制眼睛的形状。请注意眼睑是如何包裹眼球的，以及如何将其恰到好处地放入眼窝中，这一点很重要，因为它将帮助你确定阴影的区域和突出的区域。

02 眼球的光影

绘制眼睛时要意识到另一件重要的事情——你绘制是一个圆形物体，注意球形的光影形式与产生高光的位置，以及眼睛本身的阴影加上眼睑遮盖在上面产生的阴影。

03 睫毛

女人经常用化妆来增加睫毛的长度，为了增强效果，他们也会将睫毛和周围的眼睑变暗。使用深棕色将眼睑周围的颜色加深，尤其是在缝隙中。注意睫毛如何朝末端变尖，夸张可以使眼睛看起来更大。

04 化妆魔术！

如果正确绘制了眼睛的形状和明度值，化妆则很容易。在顶部添加一个新图层，将其混合模式设置为【叠加】，然后使用你喜欢的颜色在所需的位置进行绘画。如图 04 所示，你可以在未启用混合模式的情况下，清楚地看到【叠加】层的内容，不要太夸张。为了快速技巧我已经夸大了效果，但是微妙往往是关键。

05 小高光

由于上完妆粉质较明显，因此

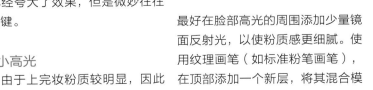

最好在脸部高光的周围添加少量镜面反射光，以使粉质感更细腻。使用纹理画笔（如标准粉笔画笔），在顶部添加一个新层，将其混合模式设置为【颜色减淡】，并使用深灰色在眼睑和眼球相交处点缀眼睑，眼睛瞬间就会变得水润通透！

5.13　男性的眼睛

作者：卡洛斯·卡布雷拉

01 注意区别

创建一个新图层并选择一个像素为 10 的小画笔快速绘制草图。使用像素为 50 的画笔绘制皮肤颜色，将不透明度设置为 50%以混合颜色。在线稿下方的图层中绘制皮肤颜色以保持皮肤的整洁。

02 块面体积

脸部分为多个平面，在【正常】模式下的顶层，使用大的圆形画笔绘制面部块面；用黄色／明亮的皮肤颜色绘制光源；避免黑色阴影。使用【套索】工具在脸上创建阴影。

03 阴影细节

在【正片叠底】的图层上，线稿图仍然可见，因此请将线稿的颜色更改为深棕色。使用【套索】工具，"绘制"阴影而不会丢失步骤 02 的块面。使用像素为 25 的圆形画笔绘画，并将不透明度设置为 20%，以混合阴影区域的皮肤颜色。在阴影而不是高光上绘制。

04 强烈的高光

要增加眼睛的体积感，请添加一些光源而不会始它变暗。现在，你已经有了阴影和皮肤的基础色，移动到更黄／更亮的颜色，保持它的低饱和度。通过选择高光区域并使用从脸的顶部（你将拥有强烈颜色的区域）到底部的【渐变】工具。在前额上添加更亮的高光，并在颧骨上添加通透的高光。

05 全部涂抹

现在我们有了高光、阴影和一些细节，需要涂抹所有区域。使用

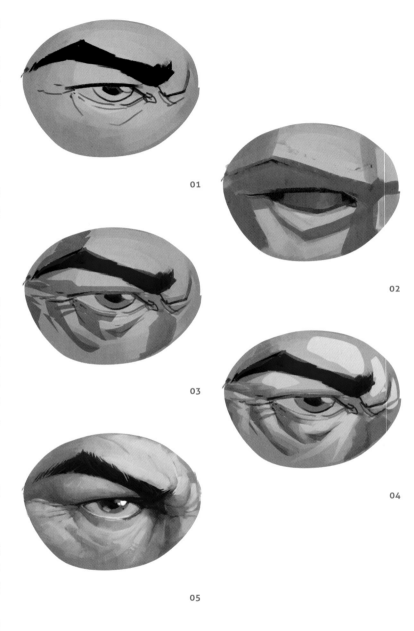

01

02

03

04

05

【涂抹】工具混合高光和阴影以创建更真实的皮肤。将画笔的不透明度设置为 50%，像素设置为 6，在虹膜上绘制高光。最后用最小的画笔以小笔触绘制眉毛。

5.14 男性的耳朵

作者：亚历克斯·尼格里亚

01 确定比例

首先从线条开始，确定绘制对象的比例和设计。使用默认的 Photoshop 笔刷，考虑要绘制的体积，耳朵主要由圆柱体的部分组成。耳朵的剪影也可以看作是心形的一半。

02 开始绘制

完成线稿后，我将使用选区来定义要绘制对象的整个轮廓。在这种情况下，形状很简单，因此我使用【套索】工具选择轮廓之后，使用肤色填充，并锁定透明像素。考虑到要表现出体积，我开始绘制耳朵的阴影。

03 次表面散射

耳朵是一层薄薄的折叠的软骨，可以使光线进入表面并在其内部散射，从而形成次表面散射，这意味着在阴影区域内将有一些饱和光。为实现这一点，选择现有的阴影颜色，并在此基础上对其进行更改，以使其更亮、更饱和。

04 软化表面

因为耳朵已经老化，所以我故意在最初的笔触中留下一些粗糙的纹理，使用【涂抹】工具通过默认的圆形画笔使表面变软，并带有一些散射，你也可以尝试使用【硬度】选项。

05 纹理细节

人的年龄越大，耳朵会越有质感，同时也会出现耳内长毛的情况。我将【斜面和浮雕】与默认的圆形画笔配合使用，以散射微小的凸起，起初效果太强，所以我将图层样式栅格化（右击图层并栅格化图层样式），然后在该层上应用【高斯模糊】滤镜，所以效果更平滑。同时我还添加了一些从耳朵里长出来的白色耳毛。

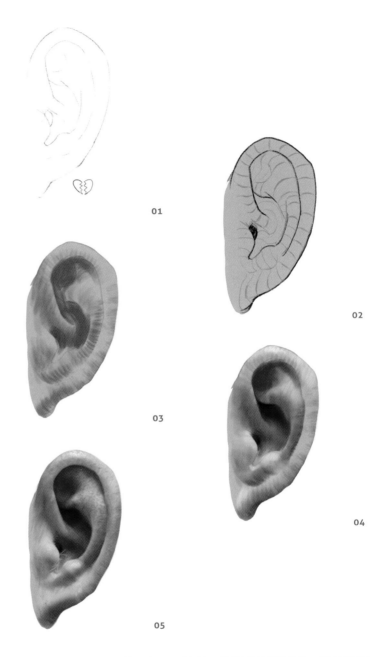

01

02

03

04

05

5.15 精致的鼻子

作者：Bram "Boco" Sels

01 鼻子的形状

　　和所有的面部特征一样，你应该事先计划好，画出你的草图。寻找参考，只用几条线，试着让鼻子的结构与面部吻合。把线稿放在一个单独的图层上，在之后可以将它们关掉。

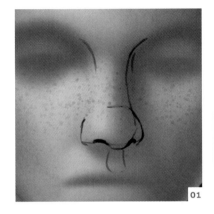

02 结构

　　当画一个复杂的形状时，最好先把它分成不同的块面。研究鼻梁是如何顺着眉毛向内移动并朝着鼻尖方向挺直，尤其体现在年轻的鼻子上，这也是让孩子和青少年看起来甜美和天真的一个重要原因。

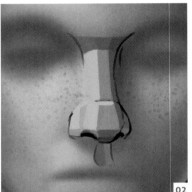

03 将块面融合在一起

　　一旦创建好了鼻子的块面，则很容易把它们融合在一起，并使它们平滑。你可以使用一个大的软边画笔来涂抹每个角落，也可以选择【涂抹】工具来将像素相互融合。不要担心噪点和雀斑消失，你可以在稍后的步骤中快速添加它们。

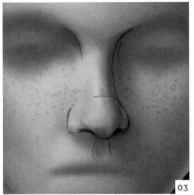

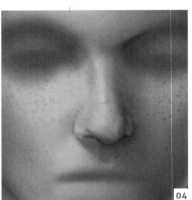

04 线与边

　　现在是时候关掉线稿，把注意力集中在边缘上了。不同的是，线条实际上并不是在自然界中出现的，所以你必须找到一种方法，在不用硬线条的情况下画出明暗之间的过渡。注意，在任何出现缝隙的地方（比如鼻孔下面），阴影都会更暗，边缘也会更锐利。

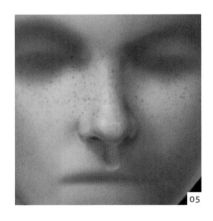

05 细节

　　继续处理这些边缘，但不要忘记大的形状。小而年轻的鼻尖通常是圆形的，应该相应地进行阴影处理。观察圆形鼻尖的一部分是如何吸收光线的，而另一部分则要暗得多。你也可以重新刻画鼻梁周围的雀斑，在鼻尖上绘制小高光。

5.16　薄嘴唇

作者：罗曼娜·肯德里克

01 草图

　　首先使用软边圆形画笔绘制出嘴唇的大形。绘制过程中保持模糊和松散的造型有助于找到正确的形式和表现。确保包含了嘴唇周围的区域：下巴、面颊、人中（上唇上方的小凹痕）和两边的脊，它们都是帮助塑造嘴唇的标志。

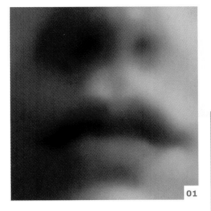

02 暗部和亮部

　　牢记光的方向和颜色，开始建立暗部和亮部。上唇通常较暗，因为它背对着光。嘴唇的皮肤通常比脸部其余部分的皮肤薄，通透性使它具有典型的微红色调。我使用较深，更饱和且偏橙的颜色。

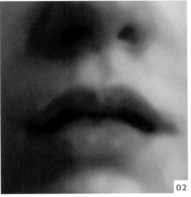

03 平滑造型

　　展开的形状，轻轻地弯曲线条和体积。上唇有三种形状：中央圆形凸起和两个侧面形式。下唇通常较饱满。如果想要嘴唇显得有肉感并且很柔软，这里应该没有边缘，造型流畅。嘴唇没有轮廓，口红可以改变这一点。但自然嘴唇的朱红色边缘是温和过渡的，而不是锐利的线条。由于嘴唇略微向外弯曲，边界上方通常会有一个高光部分。

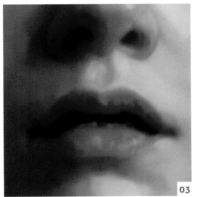

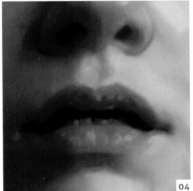

04 锐化形状

　　使用硬边圆形画笔将不透明度设置为【钢笔压力】，然后细化轮廓。在嘴唇的开口处和第一道高光处添加深色调。注意嘴角，一些肌肉附着并重叠，这是表情变化最明显的地方。改变色调和颜色值以获得更逼真的效果。

05 细节

　　为唇部绘制唇纹。使用非常淡的粉红色在唇部添加微小的高光。

除非你希望嘴唇看起来干裂，否则不要过度涂抹。

5.17 性感的嘴唇

作者：蒂姆·洛希纳

01 线稿草图

在给嘴唇上色之前，重要的是要有一张简化的草图，它展示了嘴唇的设计并给出了它的比例和形状。你不必描绘每个细节，只需描绘最重要的部分即可：嘴巴的开口线以及上下唇的一些提示。不要把开口画得过分张开：重要的是增加嘴唇的中间接触点和嘴角。

01

02 添加主要的颜色

使用硬度为0%的普通圆形画笔填充基本的光影颜色。不用担心颜色会越出唇线，如果双唇没有完全和嘴唇周围的皮肤分开，看起来会更自然。降低线稿图层的不透明度，通常，我将嘴唇颜色设置为角色的肤色，同时提高它的饱和度并添加红色。强烈的红色，和肤色差距太大，看起来会不自然。

02

03

03 细节

选择硬边画笔，并在【钢笔压力】上设置【不透明度抖动】，使用它来添加细节，例如阴影中非常细微的褶皱以及亮面上小的高光笔触。

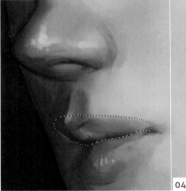

04

04 硬边

上嘴唇和下嘴唇的分离很重要。使用【套索】工具手动的选择嘴巴的上边缘。用硬度为0%的小圆形画笔添加较暗的颜色。要增加此效果，你可以反转【套索】工具的选择并向下嘴唇添加较亮的颜色，因此上嘴唇的深色边缘接触到下嘴唇的部分会显得更亮。

05

05 删除线稿

为了使外观更真实逼真，我删除了绘图中的线稿。建议添加一个图层蒙版，你可以在【图层】面板的底部找到它。

5.18　男性的鼻子

作者：亚历克斯·尼格里亚

01 线稿草图

　　在这里，首先绘制线稿草图。它是较粗糙的，因为从这个角度来看，只有鼻孔和脸颊的皮肤有足够的重叠可以看到形状的转折，因此我们无法看到鼻子的所有部位。即使看不到它们，我也添加了一些辅助线（例如鼻梁）。

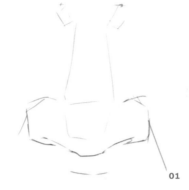

01

02 绘制初始颜色

　　为了获得一些不错的肤色，我激活了画笔的【颜色动态】。这会让你使用的初始颜色的值产生变化。即使在此时它们与线稿有重叠，我也会在折痕内绘制阴影，这让我有了阴影，在之后不用担心了。

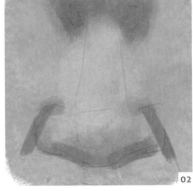

02

03 绘制明暗关系

　　鼻子的形状由球形和圆柱形的体积组成，在脑海中大致了解这些形状将帮助你绘制它的体积。为了使阴影更深，我使用了设置为【正片叠底】的画笔。

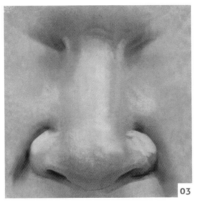

03

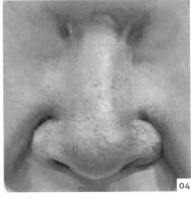

04

04 添加纹理

　　此时阴影部分的颜色已经很深了，并且由于我正在绘制皮肤，所以我不得不考虑皮肤的次表面散射。因此使用设置为【变亮】的画笔将其变亮，并且其颜色比阴影的颜色更饱和且更亮。要添加纹理，使用默认的圆形画笔并启用了【散布】功能来创建这些细小斑点，而不用在它们身上花费太多时间。

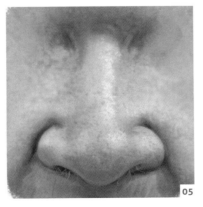

05

05 最终细节

　　为了使皮肤更显得苍老，我继续增加斑点和瑕疵。因为这是一个老人的鼻子，所以我在鼻孔里加了一些白色的鼻毛，以进一步加深这种感觉。

5.19　口腔和牙齿

作者：亚历克斯·尼格里亚

01 线稿

先从线稿开始，帮助我预视即将要绘制的主题。在绘制之前先不画牙齿是很有帮助的。用蓝色勾勒的牙齿比其他牙齿平。这意味着当我绘制它们时，我会将它们当作正方体一样处理，而不是当作圆柱体（就像其余的牙齿样）。

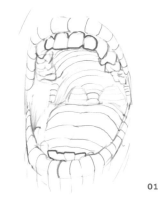

01

02 填充底色

使用【套索】工具画一个边缘清晰的选区，以便之后在上面绘画，而不用担心它们的边缘。选区选好后，创建一个新的图层用前景色填充并开启【锁定透明像素】。

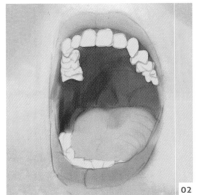

02

03 绘制体积

在此阶段，使用柔边圆形画笔绘制所有内容，绘制口腔内部时将其设置为【正片叠底】模式，以便可以绘制一些较深的颜色，保持颜色的饱和，接近红色和橙色。注意要绘制的体积。嘴唇就像圆柱体一样包裹着口腔，而舌头就像是伸展的球体。

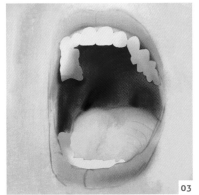

03

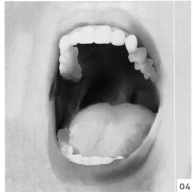

04

04 刻画牙齿

即使牙齿是坚固的，它们也会允许少量的光通过，这意味着次表面散射效应将是可见的，同时意味着阴影过渡边缘的部分比阴影的颜色饱和度更高且更亮。我尝试记住这一点，以免破坏饱和度。

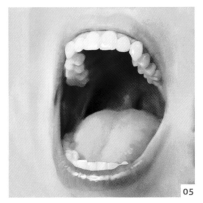

05

05 反射光和深度

我将反射光留在了绘画的最后一部分，它们增加了牙齿和其他湿润表面如舌头或嘴唇的光泽感，注意我是如何使口腔内侧边缘看起来柔软，并借此来体现它是柔软的材质而不像牙齿那样坚硬的。同时它还增加了深度感，使牙齿看上去比口腔的其余部分更向前。

5.20　毛皮

作者：罗曼娜·肯德里克

01 毛皮种类

毛皮有很多不同的类型，不仅体现在颜色或长度上，在质地的表现上也有所不同。有粗硬的、毛茸茸的、奢华柔软的、丝滑的和缠结的等。此外，许多动物都有皮毛分层：柔软的底毛（内毛）和较粗糙的上层毛（针毛）。上层毛通常具有强烈的色素沉着，包括各种图案（例如，在大型猫科动物身上看到的图案）。

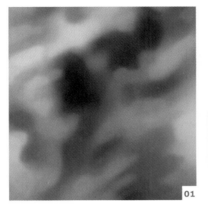

02 基本形状

使用软边画笔勾勒出形状，首先从亮部和阴影的位置开始，然后画出基本的颜色和色调，如果有图案的话也一并画上，一些长的毛皮会自然地簇在一起，因此应该画出毛皮重叠与分离的厚度部分，使用松散的笔触绘制大形并将所有细节留到之后刻画。注意毛皮具有深度和重量。绘制时要顺着皮毛生长的方向。

03 毛丛

定义毛丛的边缘。查看参考以观察它们的移动方式——是柔和弯曲的柔软毛皮，还是粗硬的毛皮，这将受益于更锐利、更直的线条。你不必尝试绘制每根单独的毛发，而是需要创造细节的错觉。

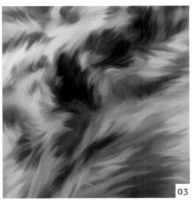

04 细节

细化毛皮。首先添加更多的高光和阴影。不要丢失毛丛的形状，只需将其绘制得更加清晰。阴影可能会变暗，或者重叠的部分会突出显示。如果毛皮不是绘画的重点，则可以在这一步停止。

05 针毛

最后添加针毛，通常是较粗的

单根毛发从皮毛中突出，用硬边画笔在单独的图层上绘制。【锐化】滤镜可能有助于将柔软的内毛与较硬的顶层毛分开（【滤镜】>【锐化】）。如果毛皮有光泽，现在是添加高光的合适时机。

5.21 蕾丝花边

作者：Bram "Boco" Sels

01 装扮

当绘制半透明的材质（如蕾丝花边）时，由于它们显示了透明部分的内容，这使得不透明的蕾丝图案更具美感。在这个快速技巧中，我们将从腿部开始，为它穿上一条非常好看的蕾丝裙。

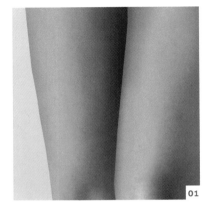

02 裙子的基础造型

首先画一个裙子的基础造型，此时不必考虑细节。在这种情况下，我选择了一条不透明的白色裙子，你可以将基础色更改成你想要的任何颜色。请记住，裙子的形状应该尽可能真实地包裹在腿上。

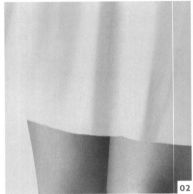

03 不透明度

接下来，复制该图层，然后隐藏下一层并选择顶层。在【图层】面板的底部，单击【添加图层蒙版】按钮，然后按【Ctrl + I】键反转该图层蒙版。注意，裙子消失了——这是因为你的图层蒙版现在是空的（黑色）。如果你现在选择图层蒙版（单击图层缩览图旁边的黑色方框）并用白色在该蒙版中绘画，图层会根据你绘制的区域显示出相应的内容。最后，取消隐藏第二个裙子的图层并设置它的不透明度为50%，以获得透明的裙子。

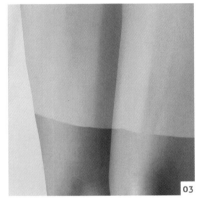

04 绘制蕾丝花边图案

选择顶部的裙子图层（由于黑色蒙版仍不可见），单击【图层蒙版】（黑色方框），将前景色更改为白色，现在可以使用常规画笔绘制蕾丝花边图案。在图层蒙版中绘画时，不透明的蕾丝花边将出现在画布中。

05 单独的细节层

最后，在所有图层上方创建一个新的图层，并绘制剩余的细节。不要在蒙版层上执行此操作，因为花边蕾丝图案往往会凹凸不平，而蒙版层则是干净整齐的。

5.22 皮革

作者：Bram "Boco" Sels

01 背景色

用你选择的局部颜色填充背景图层，并使用大画笔为光线创建一个大致的方向。我使用了带有顶光的棕色，因此较浅的棕色将位于中间，而外部则较暗。

02 皮革质地

添加一个新图层，用白色填充，并将前景色设置为深棕色，进入【滤镜】>【滤镜库】>【纹理】>【染色玻璃】。通过更改【单元格大小】，你将获得较大或较小的纹理。现在使用【滤镜】>【滤镜库】>【画笔描边】>【喷溅】。选择【强化的边缘】以消除硬边。

03 斜面和浮雕

在白色纹理层仍显示的情况下，单击【图层】面板中的【通道】。Ctrl + 单击蓝色通道。这将选择所有白色（皮革单元格），因此返回【图层】选项卡，单击棕色背景层并按【Ctrl + C】键和【Ctrl + V】键从背景复制 / 粘贴纹理。隐藏最上面的白色图层并双击新层。你将看到【图层样式】窗口，单击【斜角和浮雕】。皮革纹理会显现，并带有漂亮的高光和阴影颜色。

04 正片叠底

取消隐藏白色皮革纹理并将其混合模式设置为【正片叠底】以加深皮革的缝隙。该纹理呈水平方向，因此请选择【正片叠底】图层和【斜面和浮雕】图层，然后将它们旋转一点。你可能需要调整它们的大小以填充旋转后留出的空白区域。

05 添加污渍

为了使你的纹理更具说服力，请添加一些划痕和污垢。在顶部创建一个新图层，并使用一些粗糙的画笔在下面的层上绘画。使用大的软边画笔添加一些大的污渍笔触，使用更小、更锋利的笔刷添加一些较粗糙的划痕，以减少数字绘画的效果。

5.23　丝绸

作者：Bram "Boco" Sels

01 局部浅色

　　丝绸的反射性很强，因此照明条件很重要。选择丝绸的颜色（局部颜色）和环境中的光的颜色（浅色）。在这种情况下，丝绸为红色而光线为淡蓝色，因此丝绸的高光将为紫色/粉红色（红色和蓝色混合）。阴影会变成温暖的棕色。

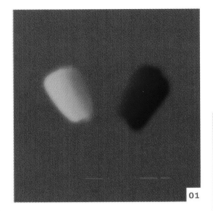

02 阴影和褶皱

　　为了使丝绸具有光泽感，它必须产生有机的折叠。从阴影开始，仅使用一种颜色绘制形状。所绘制的每个阴影都将低于其他阴影，因此请尝试在红色形状之间创建合理的过渡。

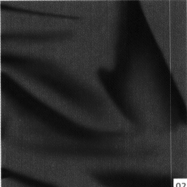

03 高光

　　绘制阴影后，对高光进行相同的处理。思考丝绸是如何相互交叉的，它们的高光将以线条的形式相互影响。对于上一步中绘制的阴影，都需在其附近绘制一个高光。

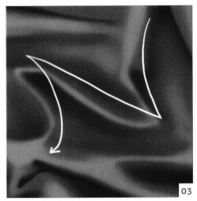

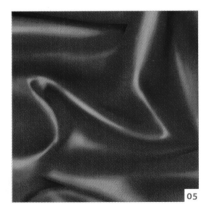

04 混合和平滑

　　设置好基本色之后，就可以开始混合它们了。阴影在距相机最远的地方会变得最暗，并逐渐过渡到中间色中。高光越锋利，折痕就越锐利，因此在丝绸产生褶皱的地方，你可以使用【套索】工具获得一些尖锐的边缘。

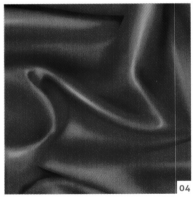

05 纹理

　　虽然丝绸看上去很光滑，但它仍然有一点纹理和噪点。获得此纹理的一种快速方法是按（Ctrl + A）键选择所有，接着按【Ctrl + Shift + C】键复制，然后按（Ctrl + V）键粘贴绘画的版本。现在从菜单中选择【滤镜】>【滤镜库】>【粉笔和炭笔】并单击【OK】按钮，最后按（Ctrl + Shift + U）键使图层去色并将其混合模式设置为【柔光】。

5.24 首饰

作者：罗曼娜·肯德里克

01 草图

从草图开始绘制，它不必特别详细，带有投影位置的精确轮廓将会很棒。尝试找出令人满意的构图。

02 上色

将草图图层设置为【正片叠底】。在它的下方创建一个新的图层并开始在中间色范围内填充基础色。注意光源以及光线在造型上的衰减变化。这里有两处光源，每侧各有一个：一个较近，一个较远。绘制球形珠宝上的中间色、主要阴影和亮部区域。在立方体上找到亮面和暗面的位置。学习绘制基础造型是在二维画布上成功创建三维对象立体效果的重要部分。

01

02

03 深入塑造

降低草图图层的不透明度并开始深入塑造，请注意不同的材质是如何起作用的。圆环上的椭圆形宝石是半透明的，观察光线如何从右侧和上方进入宝石，然后在另一端汇聚。穿透的光会照亮宝石的颜色。球形珠宝是不透明的，它们不透射光。由于表面呈红色，因此主要阴影区域是有颜色的。

03

04

04 金属

关闭草图层（单击旁边的眼睛符号），然后将注意力集中在金属部件上。（戒指和耳环上的金属）观察色调是如何从偏绿色过渡为赭色系列再到黄色的高光。将阴影调暗，对比度是这里的关键。

05

05 高光

一切都与恰当的反射和高光有关。表面越硬越光滑，它的反射就越强。选择最亮的颜色，几乎接近为白色，并用硬边画笔准确画出高光。

5.25 武器

作者：卡洛斯·卡布雷拉

01 不要失去形状和线条

在一个图层（线稿图层）中绘制所有内容，在该图层下方创建另一个图层，使用【套索】工具进行快速选择，并使用【油漆桶】工具进行填充，在相同的选择下应用【渐变】以创建光和阴影。将图层模式更改为【正片叠底】以查看基础图层上的线稿。

02 用盒子简化

在绘制明暗区域时，请简化形状。你可以在另一图层中进行此操作。最强的亮光之后紧随的是较暗的阴影，可以使形状具有平整而纵深的感觉。使用【多边形套索】工具创建块面，并使用【油漆桶】工具将其填充为灰色。

03 向对象物体添加细节

使用【画笔】工具和比基础色更亮的颜色，将武器涂成几乎白色的颜色以获得金属质感，注意金属反射光的位置。在皮套上绘制柔和的阴影以模拟它的材质。使用【减淡】工具添加高光并创建柔和的光源。

04 颜色

在【颜色】混合模式下添加一个新图层，然后使用低饱和的蓝色进行绘制。选择绿色，仅对武器和皮套的阴影面进行绘制。在设置为【正常】模式的新图层中，使用20像素的圆形画笔绘制高光。平滑枪上的光线和阴影以使其逼真。

05 更多细节和真实感

为颜色增加对比度以创建更好的

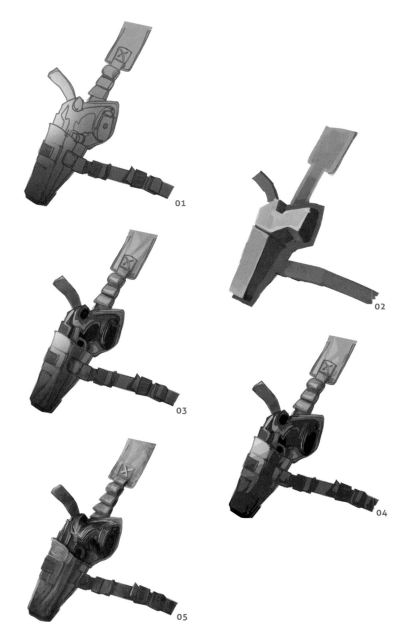

体积感。使用【涂抹】工具软化面料以创建逼真的纹理。使用10像素的圆形画笔在金属上绘制高光并混合反射。将图层设置为【叠加】，向阴影区域添加饱和度。使用2~5像素的

圆形小画笔并将其设置为100%的不透明度来添加小的细节，如接缝和折痕。

5.26　眼镜

作者：Bram "Boco" Sels

01 设计眼镜

图像的亮点来自眼镜的设计。在这种情况下，我选择了一个架在鼻子上的老式眼镜，然后为它创建了两个单独的图层：一层为深色的眼镜框，另一个为灰色的玻璃。

02 确定颜色

一旦创建完两个图层，就可以决定玻璃的材质。玻璃本身很容易绘制，只需将图层的不透明度设置为 20%（如果需要更厚的玻璃，则可以设置更大的不透明度）。眼镜框要难一些，但首先要确定我们想要的颜色。我给它们选择了金色/黄铜色，通过按【Ctrl + U】键并在滑块之间四处移动，直到对颜色满意。

03 斜面和浮雕

对于像这样的细小形状，【斜面和浮雕】可以帮助你快速入门。在【图层】面板中双击图层，在弹出窗口中选择【斜面和浮雕】，并将高光和阴影的颜色从白色和黑色改为棕色。单击【确定】按钮，然后右击图层在弹出的菜单中选择【栅格化图层样式】。这会将效果合并到图层中。

04 高光

【斜面和浮雕】只能做到这个程度。它是一种数字效果，因此看起来就很数字化，所以它有助于返回并手动绘制效果。还要考虑光线来自何处（在本例中光线是从左上角投射的），并给框架在光源方向添加一些高光点。

05 投射阴影

为了使你的眼镜更具说服力，把眼镜在脸上投射的阴影画出来。这有助于将眼镜戴在鼻子上，使它更令人信服。最后，你还可以在眼镜上添加一些小刮痕和凹痕，使其显得更耐用和更实用。

第6章　设计分解图

通过各种角色设计步骤图找到自己的创作灵感。

在本章中，你将发现由一些才华横溢的艺术家的作品组成的令人惊叹的画廊，它们还将揭示每幅图像的视觉发展，同时揭示其创作过程背后的步骤，这将使你了解如何结合并利用本书中涵盖的不同元素创造出高质量的角色设计作品。

地下异种

作者：蔡斯·图尔

01

02

03

04

炼金术士

作者：安德烈·佩鲁克欣

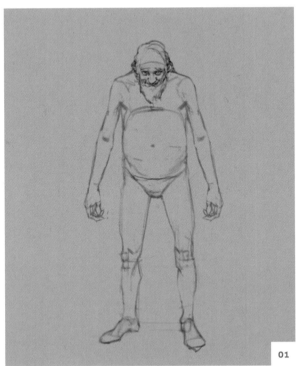

致命女杀手

作者：平郡公园

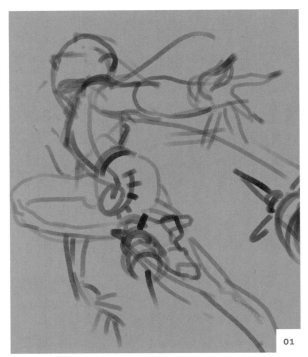

01

02

03

04

精灵战士

作者：永子诺

01

02

03

04

生物变种人

作者：格哈德·莫兹

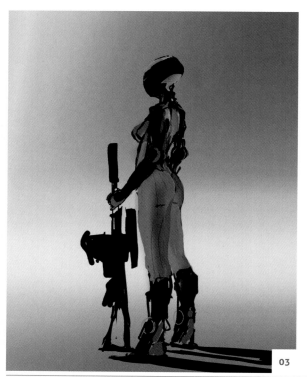

科幻战士

作者：卡洛斯·卡布雷拉

文身女孩

作者：蒂姆·洛希纳

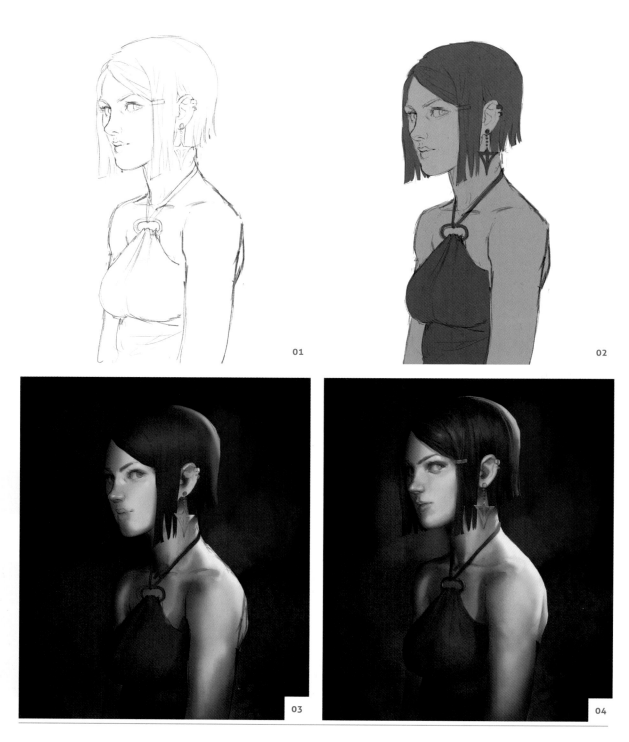

01

02

03

04

老富翁

作者：罗曼娜·肯德里克

01

02

03

04

月光恶棍

作者：查理·博沃特

01

02

03

04

社交名媛

作者：德文·卡迪·李

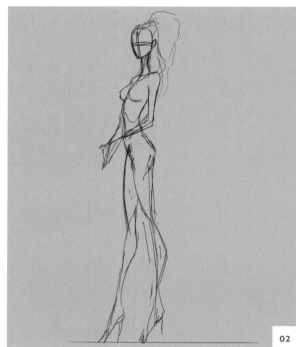

附录：术语表

A

【调整】图层面板

在【图层】面板的上方（如果没有，请从菜单中选择【窗口】>【调整】）。你会找到【调整】面板。此处的每个按钮都会在你选择的图层上快速地创建一个新的调整层。调整层的作用是改变其下方所有层的内容。你可以使用调整层来更改亮度、对比度、色阶、色相和颜色等。使用这些图层的好处是你可以快速调整图像，而无须实际更改以下图层中的信息。换句话说，如果你对结果不满意，可以随时返回并稍后更改或删除调整图层。

B

【背景】层

【背景】层是层堆栈的底层。它之所以被部分锁定是因为你不能在其下放置任何内容，并且也不能直接对其进行编辑。它始终位于图像的最底部，并填满整个画布（请参见画布）。它充当构建图像的基础——每个新层都将"构建"在它之上。

模糊

模糊是一种主要用于减少图像或图层中的细节和噪点的技术。在Photoshop中，通常有两种方法可以应用【模糊】：第一种方法是通过【滤镜】>【模糊】菜单命令（此处最著名的是【高斯模糊】）；第二种是通过【模糊】工具（位于【涂抹】工具栏内）。尽管前者是对整个图层施加相同的模糊效果，但后者可以用作画笔在不同地方使用。请注意，一旦应用了模糊，它是不可逆的，因此最好在开始使用模糊之前始终保留一个备份层。

边界框

边界框是一个不可见的框，其中包含图层的内容。你可以通过单击【选择】工具并选中【显示变换控件】框来轻松地使其可见。现在，你的图层将被边界框包围。框侧面的【变换控件】可用于快速旋转和调整边界框的大小，同时也会旋转并调整边界框里的内容的大小（请参见旋转和缩放）。

【画笔】工具

　　【画笔】工具可用于以绘制任何颜色的线条、形状和纹理。重要的是要以自己喜欢的方式设置画笔。【形状动态】可以帮助你根据自己的喜好调整画笔。【形状动态】可以通过更改画笔设置来帮助你模拟现实生活中的画笔（见图）。将【大小抖动】的控制设置为【钢笔压力】可模仿真实画笔的效果。当你用力按下触控笔时，画布上会出现很多"墨水"，而当你轻轻按下只会出现一点"墨水"。在绘制线条以及在填充较大的区域并且你希望你的作品具有传统的纹理外观时，此选项非常有用。

【加深 / 减淡】工具

　　【加深 / 减淡】工具与画笔类似，但不是画出颜色，而是使已经存在的颜色变暗或变亮。当你想使特定区域而不是整个图像变暗或变亮时，这确实很有用。这里要记住的两个重要设置是【范围】和【曝光度】。【范围】让你选择要变暗或变亮的范围以及【曝光度】改变流量的力度。举例来说，如果画面中阴影的颜色太亮；选择【加深】工具，将其【范围】设置为【阴影】，然后快速刷过要增强的阴影。它会迅速变暗，同时保留中间调和高光的完整性。

画布

　　画布就像是传统绘画画布一样，是你要处理的画面。画布与图像的【分辨率】无关（请参见【分辨率】），它仅仅作为一个指南，向你展示画布的边界。与真正的画布不同，从菜单中选择【图像】>【画布大小】可以轻松地增加画布大小。

【仿制图章】工具

复制图案、纹理或笔触的好方法是使用【复制图章】工具。如果在选择【仿制图章】工具的情况下按住【Alt】键，你会注意到光标变为十字形。单击图像上的任意位置，则该点将成为复制的起点。松开【Alt】键，可以"绘制"你刚刚选择的区域。另一个有用的技巧是将顶部栏中的【样本】更改为【当前图层】，这将使你仿制的内容限制于该层中。这在用来复制轮廓和边缘是一个很酷的技巧。

色彩调整层

这三个调整层是【色相/饱和度】、【色彩平衡】和【可选颜色】。它们主要用于更改基础层的颜色。

【色相/饱和度】使你可以选择同时调节调整图层的整个色彩比例，还可以对它进行饱和度的调整。

【色彩平衡】有点不同，因为它不是一次更改整个色彩比例，而是训练你在特定范围内修改该范围的内容。例如，假设你觉得阴影太冷，将色调切换为【阴影】模式，然后将【黄色 – 蓝色】滑块移向黄色，将【青色 – 红色】滑块移向红色。你的阴影很快就会变得温暖起来。

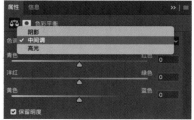

【可选颜色】则更进一步，你可以选择特定颜色并仅更改该颜色。感觉你的绿色不够葱郁？只需在【颜色】下选择绿色，然后从那里进行调整即可。

颜色模式

简而言之，颜色模式是组织图像中的像素的方法。标准打印机只有四种不同的墨水：青色、洋红、黄色和黑色（CMYK），它们通过组合这四种墨水来创建不同的颜色。因此，在Photoshop中，你可以用一种方式来组织你的图像，即打印机要知道需要多少墨水来重新创建一种与你在屏幕上看到的相似的颜色。

这就是【颜色模式】的用处。一个好的经验法则是，在屏幕上使用图像的 RGB 模式，而打印图像时使用 CMYK 模式。

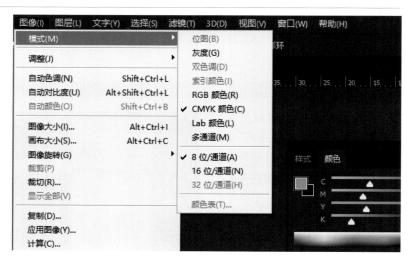

对比度

在 Photoshop 中，对比度代表明暗的差异。提高对比度意味着图像的暗部变得更暗，亮部变得更亮。降低对比度将起到相反的作用，并使图像显得中性，更灰暗。你可以从菜单中选择【图像】>【调整】>【亮度/对比度】来增加图层的对比度。这是使你的颜色值更具可读性的好方法。

裁剪

裁剪图像是一种通过裁剪画布的一部分来调整其尺寸的方法（请参见画布）。简而言之，选择图像中要保留的部分，除此之外的所有内容都会被删除。因此，与【调整画布大小】相比，它还删除了画布边框之外的所有信息，清除了图层的未使用部分，从而减小了文件大小。你可以使用一种快速简单的选择工具来裁剪图像，可以在工具栏中找到也可以按【C】键。

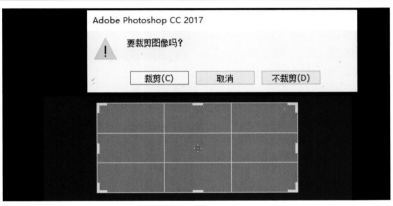

F

滤镜

滤镜通常用于为图像添加特定的艺术效果，例如使图层看起来像手绘图像，以印象派风格显示或看起来像是用木炭绘制的。这些滤镜中的一些可以用作智能滤镜，而完整地保留了要应用它们的图层，但是大多数将不可逆转地更改图层，因此请谨慎使用并进行备份。

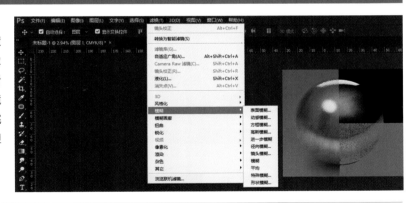

拼合

拼合意味着将所有图层合并到背景图层中（请参见背景）。不用说，如果你完全确定不再需要这些图层，则只需要执行此操作。

G

高斯模糊

高斯模糊（【滤镜】>【模糊】>【高斯模糊】）是一种易于使用的滤镜，可模糊所选图层。这是创建虚拟景深的好工具。请记住，模糊图层是不可逆的，因此请谨慎使用。高斯模糊是一种滤镜，这意味着它是一种数字计算，因此看起来将是数字化的。如果你想要真实的 / 传统的感觉，最好在没有滤镜的情况下创建效果。在需要快速高效地进行生产线的工作中，这是一个有用的工具。

【渐变】工具

【渐变】工具类似于【油漆桶】工具，它将用你选择的颜色单击填充像素周围的区域，填充整个图层或仅填充你选择的部分，并在两种或多种颜色之间创建渐变混合。标准渐变包含你选择的前景色和背景色的两种颜色，因此你可以使用【拾色器】工具快速创建新的渐变。或者，

你也可以单击顶部选项栏中的渐变以打开【渐变编辑器】面板，并手动对其进行修改以混合更多或不同的颜色。

灰度

灰度是一种颜色模式（请参阅颜色模式），可将整个图像变成黑白图像，删除所有颜色信息，并使文件大小变小。了解灰度的重要之处基于它的【直方图】，并且它是由 256 个不同值组成的比例，范围从黑色（值为 0）到白色（值为 256）。在这两个值之间可以找到各种类型的灰色。其他的颜色模式也使用相同的比例，但是每个值也都有一个应用到它的颜色。

H

高光 / 阴影

每个图像都可以转变成黑白，可以看作是不同值的组合（请参见灰度）。在这些值中，我们可以找到高光和阴影。所有暗部都可以被认为是阴影，而所有亮部都可以是高光（中间是中间调）。在 Photoshop 中，这些术语用于让你知道效果应用于何处——如果使用【色彩平衡】，则可以将【色调】更改为【阴影】，而仅将效果应用到图像的较暗部分。

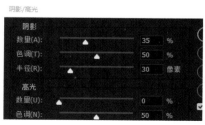
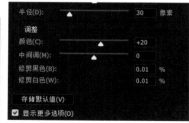

直方图

直方图可让你大致了解图像中的值。你可以从菜单中选择【窗口】>【直方图】。这是一个非常有用的工具，可以控制你自己的值。从左到右显示值的划分方式，左边是暗值，右边是亮值。在【扩展视图】中，你还可以查看每个单独的颜色通道的值。使用直方图时，需要考虑一些事项。图表的流动是否流畅？如果出现大的峰值，则可能有一个很突出的值，应该将其分解成一些

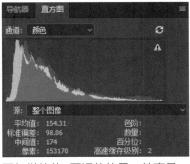

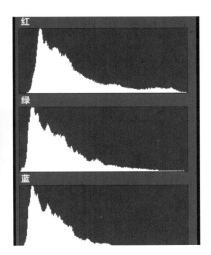

更细微的值。要记住的另一件事是，你的值应远离绝对左值和绝对右值，这些值是纯黑色和纯白色，并且它们趋向于创建平坦而暗淡的图像。

键盘快捷键（操作）

键盘快捷键的工作原理与操作相同。有效地使用键盘快捷键可以节省大量时间。当你习惯了一种工作方法，你会发现你经常一遍又一遍地重复相同的步骤，在这种情况下，设置快捷键是值得的。从菜单中选择【编辑】>【键盘快捷键】，你可以在打开的对话框中更改访问Photoshop中大多数工具的方式。

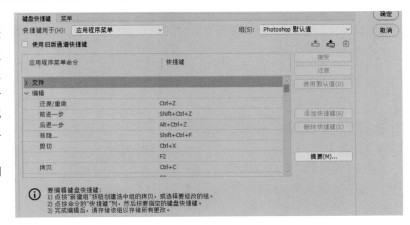

【套索】工具

使用【套索】工具时，获得清晰的边缘变得容易。只需使用该工具选择图像的一部分，创建一个新层，用一种颜色填充它，然后单击【锁定透明像素】（请参见【图层】面板），你将拥有一个清晰的剪影，可以在其中填充任何你想要的。有两个重要的套索工具：【套索】工具和【多边形套索】工具，它们的功能相同，但都具有直线。你可以通过按【Alt】键并单击在两者之间快速切换。这需要一些练习，但绝对很值得！

【图层】面板

【图层】面板是你的朋友！这是 Photoshop 提供的最重要的功能之一，因此请充分利用它。它的基本原理很简单：将图层视为一叠纸，如果你在顶部的纸上切了一个洞，则下面的纸将变得可见。【图层】面板是该纸张堆栈的直观表示。此处最重要的按钮之一是顶部的【锁定透明像素】按钮。你可以快速切换它以锁定图层中未绘制的所有内容，如果现在在该图层上绘制，它将仅更改其中包含像素的部分。其他有用的按钮在底部，分别拖放图层以创建文件夹，复制或删除它们。

【液化】滤镜

【液化】滤镜可让你推、拉和变形所选定的区域，就好像它们是湿颜料一样。你可以从菜单中选择【滤镜】>【液化】，它会显示一个单独的预览窗口，你可以在使其永久化之前查看它的效果。

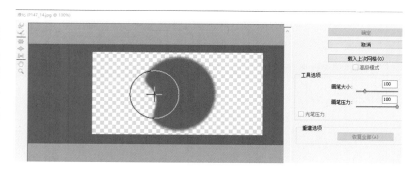

环境光遮蔽

阴影中最暗的部分通常位于接触点，这些接触点是辅助光源无法到达的。这些称为环境光遮蔽，遮挡发生在主阴影与投射阴影相遇的地方，这个区域通常很暗。

不透明度

图层堆栈中的每个图层（请参见【图层】面板）的不透明度可以不同。不透明度（以"%"表示）告诉你图层的不透明度。透明度为100%的图层是不能穿透的实体图层，因此该图层中的每个像素都会完全遮挡其下方的像素。将其设置为 50%，该像素将显示其自身的50%以及下方像素的50%。

P

图案

在【图层】面板中双击某个图层时，将打开【图层样式】窗口。在其中，你会找到【图案叠加】选项，该选项用于将图案填充整个图层。通过将图案的【混合模式】更改为【叠加】、【柔光】或【正片叠底】，可以使用这些图案为图像赋予纹理。

创建自己的图案也很容易。只需打开要创建图案的图像，然后从菜单中选择【编辑】>【定义图案】。现在，你将在【图层样式】窗口中找到新的图案。可平铺的图像最适用于此，因为它们会无缝地融合在一起。在 http://freetextures.3dtotal.com 和 www.cgtextures.com 等网站上，你可以免费下载大量可平铺的图案。

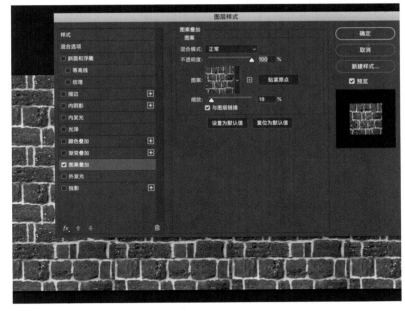

R

调整图像大小

调整图像大小意味着你可以减小或增大其大小。不过，你要选择两者中的哪一个是很重要的，因为在第一种情况下，你将要求 Photoshop 使用像素来缩小图像，这通常不是问题，但是在第二种情况下，你会要求它"隔开"本身的像素，并在它们之间"编造"空白点。通常，增加图像尺寸不是一个好主意，因为随着像素变得分散，你最终会得到模糊的图像。总的来说，开始设置大的图像然后再调整图像大小总是比相反的步骤更好。

分辨率

对于很多人来说，分辨率是一个复杂的概念，因为他们经常将其与屏幕的分辨率混淆。但是请这样想：在 Photoshop 中 10 像素 × 10 像素的图像（未放大或缩小）将完全使用屏幕分辨率为 10 像素 × 10 像素，无论文件的分辨率有多高。那为什么会有不同的选择呢？其他硬件，例如打印机，不知道什么是像素。因此，在文件中，你可以包含有关如何处理这些像素的信息。"ppi"代表每英寸像素数，它只是告诉你的打印机在 1 英寸纸张上应打印多少像素。这里的经验法则是，打印图像的分辨率应为 300 ppi；网络图像的分辨率应为 72 ppi。

旋转

旋转用于从画面上旋转你选择的图层。通过从菜单中选择【编辑】>【变换】（请参见"边界框"）并将光标悬停在图层的控制点上，你将看到它变为弯曲的箭头。有了它，你可以将图层 360° 旋转到想要的任何位置。当你在不同的图层上放置了不同的对象，并且感到某些对象缺乏动感或感觉它们不适合构图时，此功能非常有用。

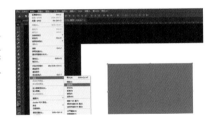

缩放

缩放是另一个词,用于描述图像中的图层大小。换句话说,它与其他层相比有多大。通过从菜单中选择【编辑】>【变换】(请参见【边界框】)并拖动弹出的控制点,可以快速更改图层的比例。快速提示:在按住【Shift】键的同时拖动控制点,可以保持图层的比例完整。

选择

Photoshop 中的选框工具可以通过包围它的"蚂蚁线"(移动的虚线)立即识别出来。这是 Photoshop 中的重要功能,因为选择的内容是图像或图层中唯一会在工作时受影响的部分。右击选择的内容,然后从弹出菜单中选择【选择并遮住】,可以对选择内容进行调整和修改。这样做,你可以准确地看到所选内容,并更改选择边缘的羽化或平滑值。

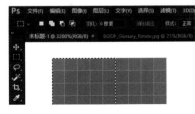

锐化

【锐化】是一种滤镜,可定位图像中的边缘,然后增加其周围的对比度(请参阅对比度),使它们显得更清晰明确。最常用的【锐化】是【USM 锐化】,可以在【滤镜】>【锐化】>【USM 锐化】菜单下找到,但是也可以像使用【模糊】工具一样使用【锐化】工具(请参见模糊)。你可能会想把它看作是消除模糊的一种方法,但是没有什么比这更错误了。模糊是减少细节和噪点的一种方法,但是【锐化】永远无法重塑丢失的所有细节。相反,它会导致图像模糊但对比度很高。

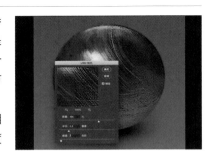

【涂抹】工具

【涂抹】工具会完全执行小图标所显示的内容,它会将你的颜料推向四周。就像将手指放在湿的颜料中并在周围涂抹一样。听起来可能有些混乱,它作为一个有用的工具有几个原因。首先,也是最重要的一点,它可以帮助你生成不同类型的边缘——而不是只有平整、锐利的边缘,某些边缘可能会模糊并与背景融合。其次,当你绘制的材质具有光滑的表面,可帮助你使表面模糊,而不会失去你可能想要实现的绘画感。

色板

保留一些【色板】是个好主意。像 http://color.adobe.com 这样的网站可以帮助你找到并保存适合你工作的完美颜色(在 Photoshop 中的【窗口】>【扩展功能】>【kuler】中还有一个单独的面板)。如果你选择了一种颜色,只需打开【拾色器】(通过单击【工具栏】中的颜色),然后单击【添加到色板】即可。现在,你将在【色板】面板中找到新颜色。找一些由五种颜色组成的调色板,这些调色板可以很好地搭配在一起,然后添加黑色的色板将其与接下来的五种颜色分开。之后,你可以快速轻松地访问一些超级纯色组合。

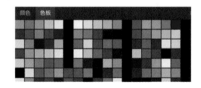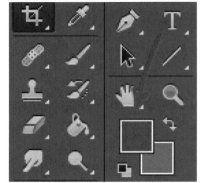

V

参数调整层

前三个调整层选项是更改图像值的定位层。到目前为止，调节【亮度/对比度】面板是最简单的，它仅提供两个滑块，可用于调整图像的色调范围。【色阶】面板显示图像的直方图。左侧显示暗值，右侧显示亮值。使用滑块，你可以轻松更改值的特定部分，而不会碰到你满意的值。【曲线】面板是最复杂的面板，但它与【色阶】相同（如果要微管理值，它还可以扩展）。它显示了相同的直方图，但是它使用曲线来更改值，而不是使用滑块。

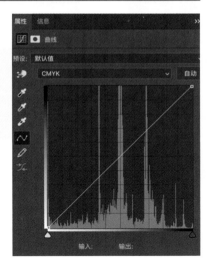

晕影

晕影已在摄影和电影行业中使用了数十年。这是一种使图像外围变暗的技术，有助于将焦点引导到图像的中间，朝向重要的方向。在 Photoshop 中，一种快速的方法是在图层堆栈的顶部创建一个新图层，将其填充为白色，然后将其混合模式设置为【正片叠底】，然后从菜单中选择【滤镜】>【镜头校正】。再单击【自定】面板，即可在其中更改晕影滑块；将其移动到 –100 效果很好。

【变形】工具

有时形状不能百分百正确，需要进行一些改动以适合形状，在这种情况下可以使用【变形】工具，可以从菜单中选择【编辑】>【变换】>【变形】。【变形】工具的作用是用一个网格覆盖图层，该网格中有 16 个定位点。你可以拖曳这些定位点中的任一个，根据你的需要来变形图层。另外，在同一菜单中，你还可以找到【扭曲】和【透视】，这是另外两种操作图层变形的好方法。

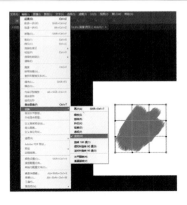

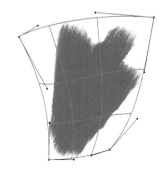

Z

缩放

缩放功能是 Photoshop 的另一个强大功能。不必（像以前的传统画家那样）来回移动到画布上，你可以让 Photoshop 为你做这项工作。有几种方法可以在 Photoshop 中进行放大或缩小，但最常用的是 Wacom 数位板的滚轮，或者按【Ctrl 和 +】键进行放大，或者按【Ctrl 和 –】键进行缩小。

认识艺术家

艾哈迈德·阿多里
概念艺术家
www.medsketch.blogspot.com

亚历克斯·尼格里亚
自由插画家
www.alexnegrea.blogspot.com

查理·博沃特
插画家和 Atomhawk 概念画家
www.charliebowater.co.uk

永子诺
自由概念艺术家
www.artstation.com/artist/YONG

卡洛斯·卡布雷拉
自由概念艺术家
www.artbycarloscabrera.com

平郡公园
自由插画家
www.totorrl.deviantart.com

罗曼娜·肯德里克
插画家
www.alisaryn.deviantart.com

安德烈·佩鲁克欣
自由概念画家和插画家
www.pervandr.deviantart.com

德文·卡迪·李
概念画家和插画家
www.facebook.com/DevonCadyLee

Bram "Boco" Sels
自由插画家
www.artofboco.com

蒂姆·洛希纳
自由插画家和概念画家
www.timloechner.com

德里克·斯坦宁
概念画家和插画家
www.borninconcrete.com

马库斯·洛瓦迪纳
高级概念画家
www.artofmalo.carbonmade.com

蔡斯·图尔
插画家和概念设计师
www.chasetoole.com

格哈德·莫兹
概念画家和数字绘景师
www.mozsi.com

贝尼塔·温克勒
自由概念画家和插画家
www.benitawinckler.com

读 者 服 务

读者在阅读本书的过程中如果遇到问题，可以关注"有艺"公众号，通过公众号中的"读者反馈"功能与我们取得联系。此外，通过关注"有艺"公众号，您还可以获取艺术教程、艺术素材、新书资讯、书单推荐、优惠活动等相关信息。

扫一扫关注"有艺"

资源下载方法: 关注"有艺"公众号，在"有艺学堂"的"资源下载"中获取下载链接，如果遇到无法下载的情况，可以通过以下三种方式与我们取得联系:

1. 关注"有艺"公众号，通过"读者反馈"功能提交相关信息;

2. 请发邮件至 art@phei.com.cn，邮件标题命名方式：资源下载 + 书名;

3. 读者服务热线：（010）88254161~88254167 转 1897。

投稿、团购合作: 请发邮件至 art@phei.com.cn。

读 者 服 务

读者在阅读本书的过程中如果遇到问题，可以关注 "有艺"公众号，通过公众号中的"读者反馈"功能与我们取得联系。此外，通过关注"有艺"公众号，您还可以获取艺术教程、艺术素材、新书资讯、书单推荐、优惠活动等相关信息。

扫一扫关注"有艺"

资源下载方法： 关注"有艺"公众号，在"有艺学堂"的"资源下载"中获取下载链接，如果遇到无法下载的情况，可以通过以下三种方式与我们取得联系:

1. 关注"有艺"公众号，通过"读者反馈"功能提交相关信息;

2. 请发邮件至 art@phei.com.cn，邮件标题命名方式：资源下载 + 书名;

3. 读者服务热线：（010）88254161~88254167 转 1897。

投稿、团购合作： 请发邮件至 art@phei.com.cn。